土地利用变化多主体模型构建及实证研究

闫慧敏　潘理虎　黄河清　著

科学出版社

北京

内 容 简 介

　　土地利用变化是人与自然耦合的复杂过程。多主体建模方法通过自底向上的方式刻画仿真实体 agent 的自主性与社会性，在生态系统、经济系统及人类组织等系统的建模、仿真建模与规律认识方面具有明显优势。本书由土地利用变化模拟的研究进展出发，首先介绍多主体模型的发展、应用与原理；然后选取农牧交错区、草原牧区和南方农业种植区三类典型案例区，完整详实地展示从数据采集到模型构建与结果分析的思路与过程；最后对多主体模型的应用与发展趋势进行展望。

　　本书可供从事多主体模型和土地利用变化仿真模拟研究领域的在校学生、科研人员、工程技术人员阅读与参考，也可供开展人地关系研究的高等院校地理科学相关专业人员参考。

图书在版编目(CIP)数据

土地利用变化多主体模型构建及实证研究 / 闫慧敏，潘理虎，黄河清著.—北京：科学出版社，2021.8
　ISBN 978-7-03-069234-4

　Ⅰ.①土…　Ⅱ.①闫…　②潘…　③黄…　Ⅲ.①土地利用–研究 Ⅳ.
①F301.24

中国版本图书馆 CIP 数据核字 (2021) 第 115962 号

责任编辑：李小锐/责任校对：彭　映
责任印制：罗　科/封面设计：墨创文化

科学出版社出版

北京东黄城根北街16号
邮政编码：100717
http://www.sciencep.com

四川煤田地质制图印刷厂印刷
科学出版社发行　各地新华书店经销

＊

2021 年 8 月第　一　版　　开本：B5 (720×1000)
2021 年 8 月第一次印刷　　印张：11
字数：216 000
定价：98.00 元
（如有印装质量问题，我社负责调换）

前　　言

  土地资源是人类赖以生存的宝贵资源，在人类长期改造利用下，土地利用方式及类型不断发生变化，从而形成了复杂而稳定的人地关系系统。近年来，随着人口的增长和科学技术的快速进步，土地利用的范围和强度不断加大，不合理开发利用土地资源的现象日益增多，如何合理利用和保护土地资源成为众多学者关注的一个重要课题。多样的自然环境因素和人类复杂的社会行为成为研究土地利用变化的主要关注点，使用合理的土地利用变化模型来刻画土地利用变化过程，探索土地利用变化的内在发展机理已成为一种发展趋势。

  土地利用变化是一个人与自然耦合的复杂过程，通常自然因素和人类活动密切地交叉在一起并对土地的状态变化起作用，且该复杂系统中要素之间存在众多的非线性关系和复杂的交互行为，从而致使定量研究极其困难。目前研究土地利用变化的模型主要包括多元回归统计模型、系统动力学模型、马尔可夫链模型、元胞自动机模型、灰色预测模型和多主体模型等，这些模型各具特色，在揭示土地利用变化机理上发挥了巨大的作用。其中多主体模型因其自底向上、微观与宏观综合的独特优势，成为目前土地利用变化建模模型的前沿技术之一。

  基于多主体的建模与仿真是具有活力和突破性的仿真方法学，是目前研究复杂系统的有效途径。多主体建模方法将复杂系统中各个仿真实体按照主体的思想/方式来建模，并通过自底向上的方式逐步构建整个系统，通过对主体的自主行为及其之间的交互关系、社会性的刻画与描述，构建微观到宏观的联系进而得到整个系统的行为表现。这种建模仿真技术，在建模的灵活性、层次性和直观性方面较传统的建模技术具有明显优势，适于对诸如生态系统、经济系统及人类组织等系统的建模与仿真。目前，使用多主体的建模与仿真方法构建土地利用变化模型来研究土地状态转换、土地资源利用和生态环境优化逐渐成为一个重要的研究课题。由于自然环境和土地利用变化过程的复杂性，且对于土地利用变化模型中行为规则的设计还不完整，土地利用变化多主体模型的设计缺少具体的应用实例，还需通过具体实证进行完善和说明。

  本书首先分析目前研究土地利用变化所构建的模型及其存在的问题，针对人与自然耦合的复杂人地关系系统，从土地利用变化的时空异质性、人的微观行为和人与环境相互作用等方面论述多主体模型对于研究复杂的土地利用变化过程的独特优势。重点对多主体模型的理论与结构、主体行为与规则、变量与环境及构建过程与方法等关键技术进行研究，阐述在城市土地利用变化、农业土地利用变化和自然资源管理三个领域构建土地利用变化多主体模型的基本思路和解决办法。同时，以多主体模型在农牧交错区耕地利用模拟、草原牧区生计可持续性模拟和南方农业种植区的耕种变化模拟三个实证研究对多主体模型在土地利用变化方面的应用进行详细分析与阐述。结合具体研究区域特点使用多主体模型对农民群体、牧民群体及农牧民混合群体的生产、消耗、学习和自适应等决策行为进行详细刻画与描述，并结合现今耕地保护、退耕还林、退牧还草、退田还湖等生态保护政策、人口规模增长和城市化稳步推进的局面进行模拟仿真。同时对各情景的模拟仿真结果进行清晰直观的可视化展示与对比分析，探索研究土地利用变化过程的发展机理和发展趋势，从而为生态土地资源保护和合理利用提供科学的决策支持。最后以多主体模型对于研究复杂系统的特点和优势出发，进一步展望多主体模型在社会领域、经济领域、人工生命和军事领域的广阔发展前景。

模型发展是艰难而漫长的过程，本书是研究团队多年来模型构建与发展工作的阶段性总结。黄河清研究员 2006 年开始引领研究团队开展对多主体模型在自然资源管理领域的研究，闫慧敏博士和潘理虎博士在黄河清老师的指导下开始从事多主体模型在土地利用变化研究中模拟的理论和技术研究，通过大量的问卷调研、实地考察、主体规则探索、模型测试等，逐步实现了模型模拟的地理环境可视化和农牧户尺度至区域尺度的跨尺度模拟，构建了社会系统和生态系统耦合的模型模拟平台，为模型的区域尺度应用和土地利用变化及其生态效应多情景模拟奠定了技术基础。模型在多位研究生的共同努力下不断发展，刘志佳博士、白雪红博士、薛智超博士在模型可视化技术和跨尺度模拟等方面进行了探索，韩鹏博士对模型构建的问卷数据进行分析与整理，刘瞳、陈静清、杨方兴、贾静、冀咏赞、牛忠恩等多次开展野外和农牧户问卷调研，使得模型能够扎实地向前发展。

本书的出版得到中国科学院战略性先导科技专项"地球大数据科学工程"（子课题编号：XDA19040301）和"美丽中国"（子课题编号：XDA23100202）的资助，感谢这些项目对模型发展与应用研究的支持。同时感谢薛智超、陈如霞、李晓文、秦世鹏和科学出版社同仁在书稿编撰过程中的辛勤工作。

限于作者能力，本书仍有不足之处，诚请各位读者批评指正。

目　录

第1章　土地利用变化模拟研究进展与评述

1.1　土地利用变化研究现状、发展趋势与评述

人地关系在地理学中是指人类社会和人类活动与地理环境之间的关系。作为地理学的理论概念，这里的"人"是指社会的人，是指一定生产方式下从事各种生产活动和社会活动的人，是指有意识地同自然进行物质交换而组成社会的人。"地"是指与人类活动紧密联系的，有机与无机自然界诸要素有规律结合的地理环境，也指在人的作用下已经改变了的地理环境，即社会地理环境(李旭旦，1984)。

人地关系作为地理学的传统理论，最初由德国人拉采尔提出，这个时期的人地关系论又被称为环境决定论。随着环境问题的日益加剧，以可持续发展为代表的现代人地关系思想彻底确立了其在地理学研究中的主导地位。吴传钧(1981)认为人地关系本质是地理环境与人类活动构成的一个相互作用的系统，并将人地关系研究的内容概括为：①和人类活动有关的地理环境的地域综合体；②人类活动对自然环境的变化和产生的影响(包括地域的差别变化)，以及种种连锁反应，即冲击—反应—影响过程；③改变了的自然环境对人类活动的反作用(包括资源再生产、环境质量的变化等)；④评价人地相互作用的经济及非经济后果。吴传钧把人地关系从方法论变为实证对象，为人地关系论建立了可能被广泛接受的科学前提。吴传钧(1991)提出的人地关系包含两个方面的内容。第一，人对地具有依赖性，地是人赖以生存的唯一物质基础和空间场所，地理环境经常影响人类活动的地域特性，制约人类社会活动的深度、广度和速度。这种影响与制约作用随着人对土地的认识和利用能力而变化。一定的地理环境只能容纳一定数量和质量的人及其一定形式的活动，而其人数和活动形式都是随人的质量而变化。第二，在人地关系中人居于主动地位，人具有能动功能与机制，人是地的主人，地理环境是可被人类认识、利用、改变、保护的对象。人地关系是否协调抑或矛盾，不取决于地而取决于人。总之，人必须依赖所处的地为生存活动的基础，要主动地认识，并自觉地在地的规律上去利用和改变地，以达到使地更好为人类服务的目的，这就是人和地的客观关系。

王铮(1995)提出现代人地关系的中心是 PRED，提出可持续发展是人地关系新的内容。PRED 是指人口(population)、资源(resource)、环境(environment)和发展(development)。协调人地关系，重点在于研究 PRED 关系。人对地具有主动适应性，正是人的主动性促使了人类对地理环境的改造活动；地要素禀赋学说表明，

地不仅包括了最基本的"第一地理要素"，而且出现了以交通区位条件为主要代表的"第二地理要素"。

农户生计与土地利用之间的生产合作的人地关系逐渐成为研究焦点。依据可持续生计分析框架，农户生计策略变化是农户生计变化的核心，在一定的环境背景条件下，农户生计策略的变化具有重要的生态效应。而土地利用/覆被变化则是农户生计影响生态环境的主要中介。因此，需要重点研究农户生计策略变化对土地利用/覆被变化的影响。农业扩大化、生计非农化及农业集约化会对土地利用产生一定影响(王成超和杨玉盛，2012)。土地系统可持续发展，离不开人对土地的长期合理利用和维护居民生计资本。居民生计资本有自然资本、人力资本、社会资本、经济资本和物质资本 5 个维度，居民生计策略的选取取决于区域生计资本的质量。"生计不依存"原理是对土地系统脆弱性的判断依据，表征居民的生计资本与土地利用依存度关系的断裂，人地耦合关系解体。同样，若居民的生计策略加重土地利用强度，进而使土地生物物理特性遭到不可恢复损伤以致无法可持续利用，人地耦合关系同样解体。人地关系研究中，农户生计与土地利用间生产合作关系逐渐成为研究热点。农户生计策略变化使土地利用/土地覆被影响成为研究的重点。土地系统可持续发展研究，已逐渐从传统的以生态保护为中心转变为以人为中心的多目标实现上来。

1.2　土地利用变化主要模型发展与评述

1.2.1　多元回归统计模型

多元回归统计模型主要用于解释土地利用变化与其驱动因子之间的定量关系，挖掘引起土地利用变化的潜在原因。该模型假设在一定的时间内，某种土地利用类型与一些独立变量存在回归关系，并运用统计方法，对自变量进行显著性检验。

此类模型又分为两类。一类模型通过回归统计分析确定土地利用变化的驱动力。甘红等(2004)结合 1990~2000 年中国省域土地利用变化的普查数据与社会经济统计资料，揭示中国土地利用结构空间分布及其变化与人文因子(人口增长、经济发展、消费水平)的定量关系；史培军等(2000)利用土地利用变化的监测数据，分析深圳市土地利用变化与社会经济指标的关系；王秀兰(2000)通过分析内蒙古各旗县人口和土地利用程度指数与土地利用动态度的关系，确立人口与土地利用变化之间的线性回归关系；朱会义等(2001)利用典型相关分析法，分析环渤海地区 58 个自然和社会经济变量与各县市土地利用结构的关系。另一类模型针对多元回归法不能很好地处理土地利用未发生与发生变化这类两变量的不足，采用的

Logistic 回归统计模型。摆万奇等(2004)对大渡河上游地区的土地利用变化进行研究,通过 Logistic 回归统计模型,从 15 个自然和社会经济因素中筛选出对不同地类具有重要影响的关键因素,并确定了它们之间的定量关系和影响大小;焦锋和秦伯强(2003)以江苏宜兴市湖㴘小流域为例,研究了社会经济因子与土地利用类型转移概率之间的关系。

多元回归统计模型具有很多不足之处:①通过显著性检验的统计分析结果并不能将土地利用变化与其他相关因素建立起必然联系;②适合于一定区域的回归模型并不一定适合于其他区域,所以模型不能为其他区域所用;③回归模型只是进行数量统计,并不是进行空间分布统计,所以无法将变化落实到具体的变化地点上。

1.2.2　系统动力学模型

基于统计的方法并不考虑相关变量之间的因果联系,只关注变量之间的统计相关性。系统动力学(system dynamics, SD)模型则从系统内部因果关系出发,是一门分析研究信息反馈系统的学科,也是一门认识系统问题和解决系统问题交叉的、综合性的新学科(王其藩, 1988)。系统动力学中的"数量"主要有两类,一种是常量,另一种是变量,变量又分为状态变量、速率变量和辅助变量(郭旋, 2009)。系统动力学的本质是一阶微分方程。一阶微分方程表示状态变量和其变化率之间的关系。如下面公式所示,系统流图中的每一流位都需要一个微分方程,流入或流出的物质、能量和信息等都需要明确的算术表达式,这些表达式见式(1.2)等号右边的部分,一个系统动力学模型就是一系列非线性微分方程组。

$$\frac{dX}{dt} = f(X_i, V_i, R_i, P_i) \tag{1.1}$$

$$X(t + \Delta t) = X(t) + f(X_i, V_i, R_i, P_i)\Delta t \tag{1.2}$$

式中, X 为状态变量; P 为参数; V 为辅助变量; t 为仿真时间; R 为流率变量; Δt 为仿真步长。系统动力学不仅是沟通社会科学与自然科学等领域的横向学科,也是系统科学里面的一个分支。系统动力学理论适合解决非线性的、具有反馈关系和时滞性特点的问题,是获得半定量结果和系统动态变化趋势的有效工具。1956年,美国麻省理工学院福雷斯特(J. W. Forrester)创立了系统动力学(王振江, 1988)。20 世纪 50 年代后期,系统动力学逐步发展成为一门新的学科,经历了起步、发展和日趋成熟的过程,初期被应用于工业企业管理、处理员工波动情况和股票市场等领域,后来被广泛应用到其他领域,比如人口问题、水资源承载力、土地承载力、城市规划等,系统动力学理论也逐步渗透到其他学科中,发挥着重要的作用。

1.2.3　马尔可夫链模型

土地利用变化能利用线性、随机方法进行预测。由于土地利用变化过程复杂，所以有时能将变化过程视为随机过程进行模拟。马尔可夫链模型(Markov chain model)指一种特殊的随机运动过程。一个运动系统在$T+1$时刻的状态与T时刻的状态有关，而与以前的状态无关，或者说是无后效性的状态转移过程。在土地利用变化领域中，马尔可夫链模型主要用来预测土地利用变化的趋势和最终的稳定情形。

马尔可夫链模型存在自身弊端，一阶马尔可夫链模型多应用于较小空间尺度的植被变化与土地利用变化中，如预测草原退化格局的变化(仝川 等，2002)、预测城市土地利用变化(王铮和吴健平，2002)及模拟土壤侵蚀变化信息等(李德成和徐彬彬，1995)。在更大空间尺度的应用还很少。此外，由于土地利用主要受社会经济的影响，土地利用变化数据固定不变是很难的，因此，该模型只适合短期预测，而且只能反映数量上的变化，不能体现土地利用/土地覆被变化(land use and land cover change，LUCC)的空间分布状况。

1.2.4　灰色预测模型

灰色预测(grey prediction，GM)模型是由我国学者开创和发展起来的系统科学的崭新分支(张军，2008)。我国学者邓聚龙(1985)于1982年创立的灰色系统理论是一种研究少数据、贫信息不确定性问题的新方法。它以"部分信息已知，部分信息未知"的"小样本""贫信息"不确定性系统为研究对象，主要通过对"部分"已知信息的生成、开发，提取有价值的信息，去了解、认识现实世界，从而实现对系统运行行为、演化规律的正确描述和有效控制(刘思峰 等，2004)。

灰色预测GM(1，1)模型已在经济、科教、工农业生产、气象、军事等众多领域得到了广泛应用(Liu and Forrest，2007；刘思峰 等，2004)。但它毕竟是一门刚刚诞生的学科，理论体系还不完善，在实际应用中，有许多应用成功的例子，同时也有预测偏差过大的情况，预测效果缺乏稳定性，还有待进一步研究。研究发现GM(1，1)模型实质上是对除去第一点的原始序列做基于最小二乘法的指数拟合，但当用纯指数序列进行拟合时，却又不能完全取得满意的拟合效果，往往产生一些偏差，即它只是个近似模型(吉培荣 等，2001)。

1.2.5　元胞自动机模型

元胞自动机(cellular automaton，CA)是一种用简单的算法通过局部的运算模拟空间上离散、时间上离散的复杂性现象的模型(Batty et al.，1997)。最早提出元胞自动机模型的学者是 von Neumann(1966)。在此之后，元胞自动机遭到冷落，一直到 John Conway 提出"the Game of Life"，才受到了重视。生命游戏是合成虚拟世界的第一个方法。继 Neumann 的元胞自动机和自我复制之后，Conway(1972)设计了基于计算机的简单二维世界"Game of Life"元胞模型，为大量实验开辟新路径。元胞自动机由 5 个部分组成：元胞(cell)、状态(state)、邻域(neighborhood)、转换规则函数(transfer function)、时间(temporal)。其基本运算法则是：某元胞在下一时刻($t+1$)的状态是该元胞本时刻(t)的状态及周围邻域元胞状态的函数，即

$$S_{t+1} = f(S_t, N_t)$$

$$(1.3)$$

式中，S_{t+1} 为元胞在下一时刻的状态；S_t 为该元胞在 t 时刻的状态；N_t 为该元胞 t 时刻邻域的状况；f 为转换规则函数。

　　元胞自动机模型发展至今仍存在一定局限性，仍需进一步深入研究(柯新利和边馥苓，2009)：①研究尺度需要扩大；②确定地理元胞自动机的转换规则时应综合考虑自然因素和社会经济因素；③应加强地理元胞自动机与多主体系统的集成研究；④应加强对地理元胞自动机的尺度划分及尺度效应的研究；⑤应进一步深化地理元胞自动机与 GIS 的集成研究。

1.2.6　CLUE/CLUE-S 模型

　　CLUE/CLUE-S 模型和 CA 模型都是运用 GIS 技术和系统动力学理论实现土地利用空间分布变化的模型。CLUE 模型是由隶属于 LUCC 第三小组的荷兰瓦赫宁根农业大学 Verburg 等开发的，用于模拟土地利用空间变化，已被成功地应用在哥斯达黎加、厄瓜多尔、马来西亚等国。它通过对影响土地利用变化的自然和人文驱动力的定量化来确定土地利用的类型，是一个空间多尺度、定量描述土地利用变化的空间分配模型(Verburg et al.，2002)。CLUE-S 模型是在 CLUE 模型的基础上发展而来的，主要反映小尺度土地利用变化及其空间效应。CLUE-S 模型所模拟单元的土地利用特征选用主要的土地利用类型表示，不仅可以发现土地利用变化的热点地区，还可以模拟近期土地利用变化的情景(Verburg et al.，2000)。但模型在处理人为社会经济因素方面较粗糙。

1.2.7　基于主体建模

　　基于主体建模(agent-based modeling，ABM)是在元胞自动机基础上发展而来，相对于元胞自动机更加优越。两方法均基于自底向上角度，元胞自动机模拟通过引入随机变量表现非线性、不确定性等空间异质性，缺乏明确的地理意义，不能将决策者行为表征在地理空间中，基于主体建模则另辟蹊径弥补了元胞自动机的

不足。基于主体建模起源于人工智能,在复杂适应系统(complex adaptive system)理论与分布式人工智能(distributed artificial intelligence,DAI)技术上发展而来。国内称 agent 为"主体"、"智能体"或"代理人"等,其中"主体"和"智能体"被学者广泛应用。多主体模型由多个主体组成,各主体间可以传递信息,主体具有自己的行为规则和知识库,能够简单推理。众多主体集合在一起成为多主体系统(multi-agent system,MAS)以模拟系统复杂行为。

　　土地利用变化建模模型发展经历了简单空间模型、非空间回归方程、非空间微分方程、复杂空间模型几个阶段。前面综述了各模型的优缺点,大多数模型自上而下对 LUCC 过程进行描述,缺少对过程时空异质性的描述,更无法将人为因素进行合理表达。CLUE/CLUE-S 模型虽然为自下而上模型,但缺少对人为因素引起的社会经济效益空间异质性的合理解释。基于主体建模则弥补了前述模型的不足,成为目前 LUCC 建模模型的前沿技术之一。

第2章 多主体模型的发展与应用

2.1 多主体模型的发展历程

基于主体模型的思想起源可以追溯到 20 世纪 40 年代, 但最早的主体模型雏形是由 Schelling 于 1971 年提出的文化模型。该模型表明人们选择邻居会对同种肤色表现出偏好, 最终导致种族完全隔离现象。Schelling 利用两种硬币代表两种肤色的人, 通过在图纸上移动演示种族隔离现象。规则为当一个人对自己所住位置处于不满状态, 此人会选择搬家。该模型经过微观互动自组织过程到最终宏观层次有秩序涌现模式, 充分表明了 "不稳定到有秩序" 的原理。尽管 Schelling 没有利用计算机进行模拟, 但其思想已经包含主体建模概念。20 世纪 80 年代后基于主体建模方法得到广泛研究和应用。Axelrod 于 20 世纪 80 年代 (Axelrod and Hamilton, 1981) 组织了一次计算机模拟囚徒困境比赛, 参赛者将自己应对策略编入计算机程序, Axelrod 将程序成对分到不同组合, 参与者借助计算机用户端参与 "囚徒困境" 游戏, 每个人根据自己的策略和以前合作经验决定选择合作还是背叛。该比赛成功开辟了一条依据角色扮演实证方法研究科研问题的大道。1984 年诺贝尔物理学奖获得者 Muray Gell-mann、Philip Anderson 和诺贝尔经济学奖获得者 Arrow 等组织了著名的圣塔菲研究所 (Santa Fe Institute), 他们认为复杂系统是由许多相互作用的 agent 组成的, agent 之间的相互作用可以使系统作为一个整体产生自发性的自组织行为。单个的 agent 通过寻求互相的协作、适应等超越自己, 获得思想、达到某种目的或形成某种功能, 并使系统有了整体的特征 (宋学锋, 2005)。

随着主体建模的发展, 1995 年圣塔菲研究所 John Holland 教授首次在其专著 *Hidden Order* 中提出复杂适应系统 (complex adaptive system, CAS) (约翰·H. 霍兰, 2000), 该理论为主体建模的核心思想。复杂适应系统认为系统的复杂性起源于个体的适应性, 正是由于个体与环境及个体与其他个体间的相互作用, 在这种相互作用过程中 "学习" 或 "积累经验", 使得个体不断改变自身及周边环境。Holland 认为适应性是复杂性的来源, 并总结了所有复杂适应系统的基本特性和机制。基本特性包括聚集、非线性、流和多样性, 这些特性在适应和进化中发挥作用; 机制包括标识、内部模型和积木, 表征个体与环境交流形式。通过这 7 个基本点, Holland 揭示了复杂适应系统的一般原理: 从微观主体的简单规律中可以综合得到复杂适应系统行为。CAS 理论强调主体是主动的活的实体; 认为个体与环境、个体与其他个体之间的相互影响、相互作用是系统演变和进化的主要动力；它把宏观和微观有机地联系起来，通过主体之间的相互作用，使得微观的主体的变化成为整个系统宏观变化的基础；它还引入了随机因素的作用，从而具有更强的描述和表达能力。由于这些特点，CAS 理论具有独特的优势，特别适用于对生物、经济、生态、社会等领域的研究。CAS 核心思想——适应性造就复杂性，具有十分重要的认识论意义，是人们在系统运动和演化规律认识方面的一个重大飞跃。

Jennings 和 Wooldridge(1996)定义主体为智能主体的简称，是能够表现出适应性，具有目标导向和能够与其他主体和环境相互作用的计算机系统。而适应性意味着系统应该具有以下特性。

(1)敏感性：主体应该能够感知其所在的环境(可能是自然世界、用户、主体的集合或者网络等)，并及时对其做出反应；

(2)主动性：主体并不是简单地对环境做出反应，而是应该在适当的时候采取主动以展示出其行为的机会性和目标导向；

(3)社会性：主体认为适当的时候，应该能够与其他人工主体或者人类相互作用，以便能够解决自身的问题，或者以自身行为帮助他人。

随后，Wooldridge 和 Jennings(1995)又按照主体的一般使用将其定义分成两类，第一类为弱定义，相对来说争议比较小；第二类为强定义，但是具有很多潜在的争议。弱定义所指的主体是由具有以下性质的软件或者硬件系统组成。

(1)自主性：主体的行为不受人类或者其他事物的直接干涉，它具备对自身行为和内部状态进行控制的能力；

(2)社交能力：主体能够通过一定的通信语言与其他主体(或人类)相互作用；

(3)反应性：主体能够感知其所处的环境(可能是自然世界，图像用户界面相对的用户，其他主体集，网络或者以上所有的结合)，并且及时对环境变化做出反应；

(4)主动性：主体并不是简单地对环境做出反应，而是应该在适当的时候采取主动以展示出其行为的目标导向。

与弱定义不同的是，强定义认为主体不仅要具有以上提到的所有性质，而且应该从概念或者应用上具备更多的人类的情感。如主体应具有知识、信仰、目的和责任等精神观念。一些人工智能学者甚至开始研究情感主体。

1996 年，Epstein 和 Axtell 发表了糖域模型(sugarscape)。在糖域模型的规则格网空间中，主体基于自身的规则寻找食物(糖)、繁殖后代。通过在主体的规则中加入新的机制，模型开始展现出一些复杂的社会现象，如商品交换、借贷、文化现象等。这些宏观的复杂现象都通过微观的、简单的主体之间的相互作用产生。糖域模型的成功说明了基于主体模型的方法在研究复杂性问题时的优势。从此，基于主体的建模方法在社会科学、环境科学、生态学、人工智能和地理学等领域中得到了广泛的应用(Matthews et al.，2007；Batty，2005；Bousquet and Le Page，

2004；Parker et al.，2003；Bonabeau，2002；Deadman et al.，2000）。

2.2　多主体模拟平台的发展

面向主体建模方法（agent-oriented programming，AOP）是由美国斯坦福大学 Shoham 于 1993 年提出的新的程序设计思想，是一种特殊的面向对象的程序设计方法（object-oriented programming，OOP）。OOP 提出的是一种由模块组成的计算系统，不同模块间可以相互交流并具有独立处理信息的能力。而 AOP 则通过赋予这些模块（即 agent）包括信仰、选择、能力和承诺等情感状态将框架具体化。

因主体应用往往需要大量编程工作，非计算机科研人员往往因编程障碍望而却步，这就需要开发普遍适用的模拟平台，推动主体建模方法在科学领域中发展。从事社会科学的人希望无须编程即能实现 ABM 模拟，从事计算机专业的人则认为建模平台不必要，学习平台自带类库会占用部分时间，且类库的功能限制了进一步的设计。两种观点各失偏颇，基于建模平台能够提供标准化研究，便于研究者之间的交流，同时能够使研究人员集中精力专注寻求本研究领域内问题的解决方案。

Gilbert 和 Bankes（2002）在 PNAS 上发表的《关于主体建模平台和方法》一文中指出，20 世纪 90 年代初期，大多数主体建模开发都采用较底层开发工具，通过 1998 年和 1999 年的调查发现 TURBOPASCAL、SQPC、C++、SOAR、Z、DYNMMO 及 Java 语言都曾用于底层开发主体建模系统。因太过于计算机专业化，许多地理学家望而却步，使得主体建模难以普及。随着其他领域对主体建模需求增加，基于主体系统建模方法平台陆续出现。地理学者可以借助平台实现主体模拟目的。

截至目前被广泛采用的平台分为两类。一类是只提供类库函数的平台，该类平台嵌入与开发语言匹配的开发环境中，用户使用类库中函数接口调用类库中封装的函数，即二次开发。其中 Ascape 和 Repast 比较具有代表性，以 Java 为开发语言。另一类是可以独立运行的软件系统，如 SPSS 和 SAS 统计软件包等，提供了完整的开发环境，用户只需要按照手册步骤操作就可以应用。具有代表性的平台为 LOGO 家族中的 STARLOGO。以下将主要介绍目前存在的主流 agent 模拟平台。

2.2.1　Swarm

Swarm 平台是由美国新墨西哥州圣塔菲研究所于 1994 年开发而成，是最早推出的一款基于主体建模的计算机建模平台。早期 Swarm 版本用 C 语言开发，自 Swarm2.0 版本开始提供了对 Java 语言的支持。Swarm 提出了完整的包括观察员

(observer)、模型(model)、模拟主体(agent)和空间环境(environment)等在内的概念框架(吴静和王铮，2008)。Swarm 平台集强大功能于一体且具有复杂的多主体系统建模平台，广泛应用于化学、生态学、经济学、社会学等领域(Castle and Crooks，2006)。但 Swarm 需要使用者具有非常强的编程技能，而且在 Windows 系统上安装和运行 Swarm 有一定困难，所以主体建模并不能得到广泛普及。国内的相关学者利用 Swarm 建立了城市演化模型(薛领 等，2004；张金牡 等，2004)和以农牧业生产为主的土地利用模型(龚丹和马晓明，2007)，并进行了杜能模型的模拟(陶海燕 等，2007)。

　　地理学研究注重空间化分析,基于主体建模最直接的方法就是基于 GIS 模拟。在 Chris Langton 带领下，圣塔菲研究所于 1999 年开发了地理数据处理扩展模块 Kenge(也称 GIS-元胞自动机模块)，该模块能处理栅格 GIS 数据，结合二维网格自动机进行建模。

2.2.2　Repast

　　Repast 平台由芝加哥大学的社会科学计算研究中心开发，其最初版本是在 Swarm 基础上用 Java 语言编写的，可以很好地实现跨平台运行，在很多方面都集成了 Swarm 的功能。Repast 最主要的特点是底层结构的抽象性、很强的可扩展性和良好的表现能力。它提供了一系列的类库，用来生成、运行、显示模型并收集模型的有关数据，同时能够对运行中的模型进行"快照"及提供模型运行的影像资料。Repast 对使用者编程基础要求较 Swarm 低，版本由 Repast Java 已经发展至 Repast Simphony、Repast HPC(high performance computing)等，从 Repast J3.0 开始支持 C#和 Python 开发语言。Repast 本身提供了 Analysis 类库、Engine 类库、GUI 类库、Space 类库、Network 类库、Games 类库、Collection 类库、Math 类库、GIS 类库等。虽然 Repast 目前的主要应用领域为社会科学(姜昌华 等，2006)，其在土地利用变化领域的研究也逐渐增多起来。

　　将 Repast 与 Swarm、Robert、NetLogo 等仿真工具对比，Repast 各方面表现都较优秀。相对于 Swarm，Repast 功能更强大(网络结构生成、空间关系管理和数据可视化)、易用性更好(可支持 Windows)、语言基础更广泛(Java 支持)。

2.2.3　Ascape

　　Ascape(agent landscape)是由美国布鲁金斯学会(Brookings Institute)的 Parker 开发的基于主体建模平台。Ascape 基于 Java 开发语言，可以很好地实现跨平台。该平台类似于 Swarm 平台，界面更友好。该平台缺点在于不是事件驱动的，每运行一次 agent 就执行一次动作。Ascape 特别适用于对社会系统和经济系统的建模，其模型还有 20 多个 demo 范例。Ascape 和 Swarm、Repast 相比具有更强的表达能力，且对于使用者的编程要求相对于 Swarm 和 Repast 较低，使用者只需要较少语句即可完成对一个复杂系统的模拟(Parker, 2003)。

Ascape 设计目标(于同奎, 2007)有：①有表达力；②通用；③功能强大；④抽象；⑤简单实用；⑥功能健全；⑦快速。

2.2.4　Cormas

Cormas[①](common-pool resources multi-agent system)是一个关于公共资源管理的多 agent 系统建模平台，由法国国际农业研究发展中心(the French Agricultural Research Centre for International Development, CIRAD)基于面向对象语言 smalltalk 开发而成。Cormas 提供与 MapInfo 的接口，主要用于经济和生态模拟及自然资源管理领域，该软件包含大量 demo 范例(田光进和邬建国, 2008; Bousquet et al., 1998)。

2.2.5　NetLogo

NetLogo 由美国西北大学连接学习与计算机建模中心(Center for Connected Learning and Computer-Based Modeling)于 2002 年联合研发而成，旨在为科学研究和教育提供易用且强大的计算机辅助工具。2002 年 5 月开始正式推出第 1 版。NetLogo 的前身是 StarLogo，在其基础上特别增加了进行科学研究所需的功能，同时提供了大量的模型函数库(Wilensky, 1999)。NetLogo 具有强大而灵活的测绘系统，还有强大的数据输入输出功能和清晰的操作界面，在建模时系统能够非常准确及时地给成百上千个独立的主体发布命令并实时操纵它们，这有助于研究者探究个体微观行为与宏观层面之间的联系。但 NetLogo 模型主要适用于简单的抽象模型，对于比较复杂的模型则力不从心。Le 和 Torrens 等都运用 NetLogo 平台建立了自己的土地利用变化模型。

2.2.6　Mason

Mason[②](multi-agent simulator of neighborhoods or network)代表多主体邻里或网络仿真。它是乔治梅森大学用 Java 开发的离散时间多主体仿真核心库，具有快速、灵活和便携的特点。它本身支持轻量级的模拟需求，自带模型可以嵌入其他 Java 应用中，还可以选择 2D 和 3D 图形显示。

---

① http://cormas.cirad.fr/indexeng.htm.

② http://cs.gmu.edu/~eclab/projects/mason/.

Mason 较 Repast 具有更小、更快的核心库。它关注执行速度、跨平台能力、模型结构与 Swarm 相似，但使用不同的类名，提供了固定步长和动态调度机制。对于经验丰富的程序员实现计算密集型仿真是个好的选择，它结构精巧、运行速度快，可以在多台计算机之间分配任务；提供的工具可以自由组合、图形显示界面可以装配/拆卸。但对初学者来说 Mason 不易掌握，实现复杂逻辑不太方便，所使用的调度概念使得编程很复杂。

其他 ABM 平台如 StarLogo、MAGE、AgentSheets、AnyLogic、TNGLab、JES、Ecolab、ABLE、Cougaar、JADE、KK-MAS、TeamBots、Breve、OBEUS 也被应用到社会经济、资源利用等领域，不再一一介绍。

2.3 多主体模型在土地利用变化研究中的应用

2.3.1 国外研究现状、发展趋势与评述

国外开展 ABM/LUCC 研究较早，已有多个学者对主体建模在土地利用/覆被变化中的应用做了相关综述（余强毅 等，2013；An，2012；Matthews et al.，2007；Parker et al.，2003）。Parker 等（2003）首次对 ABM 在 LUCC 方面的应用进行了综述，并将土地利用/土地覆被变化领域的主体模型起名为 ABM/LUCC（agent-based modeling of land use and land cover change）。Parker 指出 ABM/LUCC 主要体现在 4 个领域：自然资源管理、农业经济、考古学和城市扩张。最早的 ABM/LUCC 模型是 Lansing 和 Kremer（1993）建立的印度尼西亚灌溉系统模型，从此开创了利用主体建模研究土地利用/土地覆被的道路。Matthews 等（2007）总结基于主体模型在土地利用/土地覆被变化中的应用主要包括 5 个方面，即政策分析和规划（如德国农业降价政策和赔偿机制对农业带来的影响）、参与性建模（如利益相关者作为角色扮演参与模型）、解释土地利用和定居点的空间格局［如 Dean 等（2000）对美国亚利桑那州东北部长屋峡谷的阿纳萨齐文化消失原因进行模拟］、测试社会科学概念和解释土地利用功能［如 Lansing 和 Kremer（1993）对间种水稻的平衡水和害虫控制两个对立平衡条件进行测试］。An（2012）从人类-自然耦合决策建模角度对基于主体建模进行综述，决策建模的方法包括微观经济模型、基于空间模型、社会心理和认知模型、基于机构模型、基于经验/偏好决策模型、参与式建模、探索式/经验式规则、演化式进程、基于假设和校正规则。余强毅等（2013）则从当前主要农业 ABM/LUCC 建模方法、农户决策内容和研究区域地点等方面进行汇总。此外，Bousquet 和 Le Page（2004）、Hare 和 Deadman（2004）也分别在 ABM/LUCC 应用的某一方面做了一定的总结和回顾。

除了以上总结，为了能够尽量涵盖 ABM/LUCC 的所有领域，在 Parker、Matthews 和余强毅的综述基础上，通过文献追踪法按照土地利用类型、研究问题、

主体类型、决策类型、核心建模方法和地理位置对 ABM/LUCC 进行分类，具体详见表 2.1。

表 2.1　主体建模在土地利用变化中的应用实例

作者及年份	土地利用类型	研究问题	主体类型	决策内容	核心建模方法	地理位置
Balmann（1997）	农业	新技术的传播	农场	投资、生产、土地租赁	元胞自动机	德国，霍恩洛厄
Sanders 等（1997）	城市	居民点演化	空间实体	居民点类型变化转化规则	主体建模	无具体地点
Dean 等（2000）	居民点	社会瓦解	家庭	农田位置、生产、存储、结婚、休耕、木材收获	主体建模	美国，长屋谷
Kohler 和 Gummerman（2001）	居民点	居民点格局	家庭	农业生产决策、结婚、选择新居地	主体建模	美国，梅萨维德地区
Rajan 和 Shibasaki（2000）	森林、农业、城市	国家层面上的土地利用/土地覆被变化	空间网格上的决策者	土地利用和移民	主体建模	泰国
Berger（2001）	农业	新技术的传播	农户	投资、所有权、生产	主体建模、阈值设定、线性递归程序	智利
Rouchier 等（2001）	牧地	农民和牧民之间的涌现关系	牧民、农民和村庄领导者	对放牧和买卖的地点进行协商	合理性、主体建模	北喀麦隆
Ligtenberg 等（2001）	城市	空间规划建模	利益相关者	投票决定土地利用类型	元胞自动机、主体建模	荷兰，奈梅亨
Torrens 和 O' Sullivan（2001）	城市	居民点位置动力学	房屋出售和房屋购买者	何时出售和购买	元胞自动机、主体建模	无具体地点
Lim 等（2002）	森林	热带雨林的采伐趋势	农民	种植决策	多元回归方程、情景分析、主体建模	亚马孙，巴西
Lynam（2002）	热带大草原	检验农业措施的可持续性	家庭	种植决策	多主体建模	津巴布韦，卡纽利拉行政区
Hoffmann 等（2002）	森林、农业	森林的采伐、再造的趋势分析	土地所有者	农业、休耕、木材收获	多主体建模	美国，印第安纳州
Sasaki 和 Box（2003）	城市及周边	居民产业选择（杜能圈）	农民	土地利用	主体建模验证杜能圈	无具体地点
Castella 等（2007）	农村	土地利用变化趋势	农民	农作物的土地分配	CLUE，LUPAS，主体建模	越南北部
Evans 和 Kelley（2008）	耕地-林地	土地利用变化趋势	农民	移民、毁林造田、弃耕再生林	GIS、主体建模	美国

作者及年份	土地利用类型	研究问题	主体类型	决策内容	核心建模方法	地理位置
Entwisle 等 (2008)	农用地	土地利用格局变化	农民	对自然环境响应、土地利用格局	元胞自动机	泰国
Le 等 (2010)	农用地-林地	土地动态变化，农户社会经济属性变化，政策评价	农户	不同土地利用决策方式	有限理性、启发式思维、多项式逻辑方程、主成分分析主体建模	越南
Valbuena 等 (2010)a,b	农用地	影响农户土地利用行为的内 (外)部因素	农户	土地利用格局变化	概率方法、农户分类、主体建模、决策树	荷兰
Happe 等 (2011)	农用地	农业结构、氮损失和环境规划交互	农户	土地利用方式变化，生态影响	主体建模	丹麦
Schreinemachers 和 Berger (2011)	农业生产	农业生产与投入、资源利用	农户	农业扩张、定居选择	最优模型	多个区域
Robinson 等 (2012)	农用地城镇用地	评估 LUCC 对人类影响	农户，工厂	耕地利用变化、居民生活方式、工业发展方式、噪声污染方式	逻辑斯蒂回归、元胞自动机、主体建模	斯洛文尼亚
Huang 等 (2013)	城市远郊土地市场	研究多维主体异质性对城市土地利用变化空间和社会经济模式影响	土地购买者	购买土地决策	主体建模	无具体地点
Bakker 等 (2015)	土地市场过程	研究农民决策对所有者结构	农户土地所有权	土地所有权变化	GIS、主体建模	荷兰东部

2.3.2　国内研究现状、发展趋势与评述

国内开展 ABM/LUCC 方面研究较迟，21 世纪以后才出现相关研究。主要集中在城市土地利用变化、农业土地利用变化和自然资源管理三个领域(吴文斌 等，2007)。郗静等(2009)分析了主体模型在国内外微观土地利用行为模拟中的研究现状，指出现有研究中主要存在行为人行为规则简单、模型定量化方法单一、实证模型解释力不强等不足，并提出 ABM/LUCC 应该在研究内容上加强行为人的决策机制研究，在研究区域上应加强农业土地利用变化及相关政策分析研究，在研究方法上综合集成多学科相关研究成果。

城市土地利用变化模拟方面，模拟中着重研究城市区域中大量的具有异质性的 agent 的微观行为及各 agent 之间非线性的相互作用，认为它们是城市有序行为和空间结构形成的根本原因。目前，应用领域主要包括区位选择(居民住宅位置选

择，工业和服务业用地选择）、城市结构演化和城市边缘地带土地利用变化分析等方面。杨青生和黎夏（2007）将 agent 的人为性、不确定性引入元胞自动机模型中，对元胞自动机模型中以随机数体现的不确定性通过 agent 给予地理意义的解释；樟木头镇的城市用地变化模拟结果符合土地利用变化的自然性、人文性特征。张金牡等（2004）提出的 agent 模型，试图从人地相互作用的关系来理解城市扩展现象的机理，并对北京市土地利用变化进行动态模拟，结果表明，利用 agent 模型动态模拟土地利用变化是一种可行的方案，它克服了很难表现出宏观与微观之间相互反馈的作用关系的问题。

农业土地利用关系模拟方面，与城市土地利用变化模拟比较，ABM/LUCC 模型在农业土地利用变化模拟中的主体相对单一，主要以家庭农户或个体农民为主，对农民的选择（利用或投资新技术）、不同种植作物选择和农业劳动力分配等主体行为进行模拟。薛领等（2004）、甘雯和李陶深（2000）将 agent 技术引入农业研究领域中，分别建立了现代农业经济智能决策支持系统和农业专家系统，为农业土地利用提供各种决策支持和信息服务。余强毅等（2014）围绕多主体思想对土地流转和作物选择两种行为决策以及农作物空间格局进行模拟。应该说，他们的研究是 ABM 在农业领域的一种尝试。

在自然资源管理领域，利用 ABM／LUCC 模型去理解和解决公共池塘资源（common pool resources，CPR）管理等问题一直是很多学者研究的焦点，其研究领域主要包括研究分析水资源、草地资源和林业资源的管理，以及对管理制度的评估等。褚俊英等（2005）将基于 agent 的建模方法应用到水资源、水环境管理中，总结了其在水资源分配和流域水资源管理、农业水资源利用及人类活动的水环境影响等方面的应用，探讨了利用该方法对中国水资源管理和水污染控制政策进行评估等问题。在林业资源方面，Li 等（2005）在四川省大熊猫自然生态保护区，分析了农村人口的动态变化，尤其是对农村家庭数目的变化对森林覆盖和大熊猫栖息环境的影响进行了深入分析。模型以家庭成员的个体变化、家庭数目的变化和生态环境的演化为主体，对其相互作用和制约影响进行了模拟分析，其研究方法具有新颖性和独创性。

纵观国内外 ABM/LUCC 研究，国外主要集中在政策分析和规划、参与性建模、解释土地利用和定居点空间格局、测试社会科学概念和解释土地利用功能五个方面，国内主要集中在城市土地利用变化、农业土地利用变化和自然资源管理三个领域。

2.4　典型案例剖析

大多综述较好地汇总了已有案例应用在哪些领域，为人们全面认识 ABM 用途提供了便捷。但对于建模者来说，实际动手执行模型时仍旧无从下手。因此以 ODD 协议（Overview，Design Concepts and Details）（Grimm et al.，2006）为描述标准对经典案例多源数据收集、数据处理及决策建模等进行剖析，能够为初学者建模提供良好的实践模板。以在 ABM 领域做出较大贡献的两个研究团队（以 Chen Xiaodong（Chen et al.，2012）为代表的 Liu Jianguo 团队和以 Diego Valbuena（Valbuena et al.，2010a）为代表的 Verburg 团队）为例，简要介绍模型模拟的整个流程。

（1）Chen（2012）：研究在现有生态补偿终止后，社会规范对农户重新参与生态补偿项目（payments for ecosystem services，PES）决策的影响。通过设置有序的参与批次可以显著影响整体参与补偿项目的效率。研究考虑了邻域行为对利益相关者的影响，建立了相对完善的学习机制。模型以农户为模拟实体 agent，定义农户状态变量为农户身份 id、农户群组 id、农户成员数、耕地、退耕还林地、户主年龄、户主性别、所在小镇、经纬度坐标、感知社会规范能力、社会规范知识和学习社会规范能力。模型运行 15 个时间步长，因不同 PES 项目具有不同时间跨度，故时间单位间隔并未明确。模型设定 PES 合同持续一个时间单元，下一个时间单元开始执行新的 PES 合同。农户通过改变他们的重新参与项目决策适应感知社会规范的变化，以最大化利用其重新参与项目决策。相同群组的 agent 相互影响以感知社会规范。同群组的 agent 可以感知上一时段社交规范的影响。农户 agent 可以学习其他 agent 的行为，感知社会规范，更新自身行为。agent 群组是单个 agent 聚合的结果。agent 被认为能够知道自身身份。模拟中因没有关于退耕还林地块位置的先验知识，Chen 随机分布了退耕还林（grain-to-green program，GTGP）地块位置，agent 的感知行为规范值也是随机分布的。模型观察在每个时间步长后农户重新参与退耕还林地块量。初始化过程中 969 个 agents 和 2470 个 GTGP 地块生成。通过一手调研数据生成农户位置和社会经济特征。模型没有用到输入数据表征时间变化过程。模型包含三个子模型：GTGP 地块制图，GTGP 重新参与，GTGP 重新参与动态度。GTGP 地块制图子模型中基于模糊分类算法、最大熵原则和多光谱数据生成每个像素概率地图。通过受试者操作特征（receiver operating characteristic，ROC）曲线验证 GTGP 概率地图。基于样本距离概率分布随机确定地块到农户距离。在重新参与 GTGP 子模型中，利用二元逻辑斯蒂回归分析建立每个农户重新参与项目的概率函数，设定了 13 个变量。针对相同地块不通过政策情景响应问题，采用 Huber's 稳健标准误差校正。假定补贴水平大于机会成本时，

agent 参与项目。GTGP 重新参与动态度子模型中设定默认补贴值为 3000 元。因在一轮交互后 agents 无法获取社会规范完整信息，agent 的感知社会规范能力通过 agent 群组和随机社会规范权重聚合进行展示。模型结果表明，考虑邻域社交规范影响模式下对农户重新参与 GTGP 政策产生巨大影响，将农户分为多个批次参与 GTGP 项目可以大大提升项目执行力度。

（2）Valbuena（2010a）：研究在内生因素和外生因素影响下农户决策对景观结构的影响。Diego 首先用概念框架展示农民决策和决策多样化。农场因子包括农民的意愿和能力。第二步利用主体建模方法执行概念框架，利用 agent 类型学简化并包含决策多样化。基于经验数据利用概率法参数化决策过程，概率方法分配了每个 agent 某种可能的决策，表征了不确定性。基于样本调研数据、统计数据和空间数据可以用不同经验方法参数化这些概率。第三步利用 ABM 参数化研究区，包括人口普查数据、土地覆被地图和土壤地图、地籍数据和国家级尺度的经济模型。基于样本调研数据定义 agents 的意愿和能力，在此基础上定义 agent 类型为业余型、传统型、分散经营型、扩张传统型和扩张分散型 5 类。土地覆被类型包括城市用地、半自然用地、水体和农业用地 4 类。三个主要的决策过程包括农田中止、农田扩张和农业活动多样化。第四步计算与农民决策相联系的两个空间变量：半自然地区的比例和景观元素的密度（灌木篱墙和林木线）。最后一步，验证建模结果。由于验证工作难度较大，Diego 采用专家验证法对模拟结果的可行性进行验证。5 个来自不同组织机构的专家执行非结构化调研以检验模拟结果。情境描述基于联合国政府间气候变化专门委员会（Intergovernmental Panel on Climate Change，IPCC）报告中 A1、B2 和基准情景分析的不同情景下相应景观结构特征。

2.5　基于主体建模的问题与挑战

2.5.1　模型过程校正及结果验证

基于主体建模最大的优势同时也是最大的劣势在于它灵活的设计和规则。校正能够通过检查模型结构和使用规则减少灵活性带来的问题。成功校正模型能够使数据和理论达到平衡。North 和 Macal（2007）指出，"校正（verification）是确保模型执行与设计相符的过程，验证（validation）是确保模型执行结果和现实世界相符的过程"，前者是过程的正确性，后者则是结果的正确性。因此校正通过计算机程序检验模型的逻辑性，包括检验模型行为是否符合预期。校正有时指检测模型内部正确度。验证指系统建模正确度（Casti，1997），涉及建模结果与真实数据之间的吻合度。验证并非只有有效和无效两种分类，表征模型是否能够模拟现实可以用有效度表示。幸运的是多主体(multiple agent system，MAS)能够将现实世界结构和概念抽象到模型中，该模型保留了自然界事物和事物间的联系(Batty and Torrens，2001；Kerridge et al.，2001)。

验证可以通过对比模型输出结果和现实世界收集数据进行确定。但什么样的统计数据用于模型拟合产生效果最优是近年来 LUCC 建模文献谈论的热点话题之一，如 Pontius 和 Malanson 文章所述(Pontius and Malanson，2005)。作为对比，校正涉及在特定背景下微调模型建立唯一参数集。另一方面，基于主体的模型不可能将所有的参数都考虑进来，而现实中的结果可能会受到模型外的因素影响而产生明显与模拟结果不同的情况。例如，2006 年底西班牙开始的节水宣传使居民用水下降了大约 3%，但 Galan 等(2009)的模型并没有考虑这个因素，因而模型的结果会与实际的用水量出现一定的差别。总的来看，基于主体模型的参数验证和结果检验还需要进一步的深入研究。

2.5.2　系统时空尺度问题

系统集成首先面对的问题是集成的技术障碍(Galan et al.，2009)。系统集成的方法不外乎松散耦合模式和紧密耦合两种模式，但松散耦合模式会大大降低集成后系统的运行效率，因此现有的基于主体模型的集成大多是基于紧密耦合模式。在紧密耦合模式下，对系统开发者的编程能力要求相对较高，不容易实现。此外，集成系统的运行效率也会对集成系统的意义产生重要影响(Galan et al.，2009；Crooks et al.，2008)。

不同的子系统或子模型的时间尺度和空间尺度的差异也会给系统集成带来很大的麻烦(Galan et al.，2009)。在基于主体的模型中，时间通常是基于离散的时间步长来模拟系统的动态变化。因此，不同的变化周期都需要与系统的时间步长对应起来。更复杂的是空间尺度的问题，不仅所有的空间目标需要通过空间插值转换到同一个尺度下，而且很多数据可能原本并没有空间位置属性。

2.5.3　系统运行的性能问题

基于主体模型本质上就是一个计算密集型的模拟(Tang and Bennett，2010；Valbuena et al.，2008)。基于主体的模型中通常包含大量的主体，这些主体依据自身的利益、知识或经验及获得的信息对来自周围的环境和其他主体的刺激进行响应，因此每个主体需要对周围环境变化和其他主体的行为进行实时的监听。尽管单个主体的行为相对简单，但是多主体及它们之间的相互作用需要进行大量的计算和处理，并且随着主体数量的增加急剧增加。

在简化的模型环境下，如格网、网络等，单个主体可以容易地获得邻域信息。

在现实的地理环境中，单个主体获得其周围环境信息的过程会变得复杂和耗时。由于对环境的感知过程是每个主体在每个时间步长内都要执行的过程，当模拟的环境变复杂时，整个系统的执行效率也会受到显著的影响。

此外，基于主体的模型在加入学习机制之后会显著影响模拟系统的运行速度。现有的自适应机制和学习算法都需要不断地对相应的规则库中的信用或权重进行反复的调整，而这同样也是相当耗时的操作。例如，在加入学习机制后，Tang 和 Bennett(2010) 的麋鹿迁徙模型中单次运行就需要在美国国家超级计算应用中心的超级计算机 Mercury 的节点上运行 2～3h，而其模型中仅仅包含 400 头麋鹿和 200 个学习周期而已。

第3章 多主体模型的原理

3.1 模型理论与结构

3.1.1 多主体模型理论

自然现象、工程、生物、人工生命、经济、管理、军事、政治和社会等领域复杂系统和复杂性研究的需求，对传统的建模与仿真方法提出了挑战，基于主体的建模与仿真(agent based modeling and simulation，ABMS)方法被认为是研究复杂系统的有效途径，是研究复杂系统的建模仿真方法学，是最具有活力、有所突破的仿真方法学。ABMS方法将复杂系统中各个仿真实体用 agent 的方式/思想自底向上对整个系统进行建模，试图通过对 agent 的行为及其之间的交互关系、社会性进行刻画，来描述复杂系统的行为。这种建模仿真技术，在建模的灵活性、层次性和直观性方面较传统的建模技术都有明显的优势，很适合于对诸如生态系统、经济系统及人类组织等系统的建模与仿真。通过从个体到整体、从微观到宏观来研究复杂系统的各种特性。

关于多主体模型的设计，已有众多学者提出其共有的设计理念，并已通过众多实践研究支撑验证。通过对以往多主体模型的研究并结合复杂系统本质，可以认为多主体模型的设计普遍存在多个共性的设计理念，即建立模型时应该考虑的问题。在此对模型设计理念进行了总结，结论如下。

(1)基本原则。哪些概念、理论、假设或建模方法是模型设计的基础？解释这些基本原理之间的关系，此模型中扩展的复杂性及研究目的。如何考虑它们？它们是在子模型级别还是在系统级别使用了它们的范围？该模型能否提供有关基本原理本身的见解，即基本原理的范围，它们在现实世界中的用处，验证或修改？该模型是否使用了新的或先前开发的智能体特质理论，即系统动力学所依据的理论？

(2)紧急情况。该模型的哪些关键结果或输出被建模为来自智能体的适应性特征或行为？换句话说，当个人或其环境的特定特征发生变化时，预期哪些模型结果会以复杂且可能无法预测的方式变化？是否还有其他结果受到模型规则的严格约束？

(3)适应。智能体具有哪些适应性特征？他们有什么规则来做出决策或改变行为以响应自身或环境的变化？这些特征对于智能体达到既定指标(例如，"移至资源最好的单元格"）是否具有明确的目的性？

（4）目标。如果适应性特质明确地发挥作用，以增加衡量个人在实现某个目标上的成功标准，那么该目标究竟是什么？如何衡量？当个人通过对替代方案进行排名做出决策时，他们使用什么标准？"目标"的某些同义词是指假定具有适应性状的有机体的"适应性"；社会模型中的"效用"是经济奖励，或者仅仅是"成功标准"。

（5）学习。许多智能体是否会由于自己的经验而改变自己的适应性特征？如果是这样，怎么办？

（6）预测。预测对于成功的决策至关重要。如果智能体的适应性特征或学习程序是基于对决策未来后果的估计，智能体如何预测他们将经历的未来条件（环境或内部条件）？如果合适，假定智能体使用哪些内部模型来评估其决策的未来条件或后果？这些内部模型假设暗含了什么间接性或隐性预测？

（7）感应。个人在决策中要感知和考虑哪些内部和环境状态变量？一个人可以感知哪些其他个人和实体的状态变量（例如，信号的有无表明另一个人可能有意或无意发送信息）？感知通常被认为是本地的，但是可能通过网络发生，甚至可能被认为是全局性的（例如，一个站点上的觅食者感知到它可能移动到的所有其他站点的资源水平）。如果智能体通过社交网络相互感知，那么社交网络的结构是强制性的还是紧急的？是智能体获取信息，还是仅假定个人知道这些变量？

（8）相互作用。智能体之间存在哪些类型的交互？是否存在个人在其中遇到并影响他人的直接互动，或者是间接竞争（例如通过争夺中介资源）？如果交互涉及通信，则如何表示这种通信？

（9）随机性。过程是随机的还是部分随机的？例如，是否使用随机性来重现过程中的可变性，而对可变性的实际原因进行建模是否重要？它是否用于导致模型事件或行为以指定的频率发生？

（10）集体。例子包括社会团体、鸟群及人际网络和组织。集体如何代表？是特定的集体还是个体的新兴属性（例如由于个体行为而聚集的一群鸟），抑或是集体仅仅是建模者的定义（例如具有某些属性的个体集合，被定义为具有其自身状态变量和特征的单独种类的实体）？

（11）观察。从 ABM 收集了哪些数据以进行测试、理解和分析，如何、何时收集数据？是否自由地使用所有输出数据，还是仅对某些数据进行采样和使用，以类比在经验研究中可以观察到的结果。

3.1.2　多主体模型结构

多主体模型包含多个智能体，不仅可以实现单个智能体的模拟功能，而且能够模拟智能体所处的环境及智能体之间的协同、竞争等交互作用关系，非常适合模拟分析复杂的社会系统。

多主体模型一般由以下三个部分构成。

1. 环境(E)

环境通常是一个空间，表示智能体活动的背景，可以定性分为静态环境和动态环境。静态环境是指其变化完全取决于主体动作变化的环境，即如果智能体没有行为输出，那么环境就不会发生改变，具有可预测性。而动态环境会在智能体的控制之外发生变化，具有不确定性和随机性。

2. 主体集合(A)

主体集合代表在环境中能够接受外界信息并对外界做出反应的对象的集合，通常拥有不同的结构和功能。根据实际情况选取影响力大的智能体，而忽略影响力小的智能体可以有效地节省系统运行代价。

3. 关系集合(R)

关系集合表示主体间的交互与行为规则，它包括三部分：最主要的部分是智能体之间的关系，如竞争、协作、促进等；其次是指智能体与环境之间的关系，智能体一方面感知外界环境的信息，另一方面又通过实施动作对环境改变作出反应；最后包括环境之间的关系，主要是指环境中要素之间的联系，然而这种关系在很多时候相对于其他两种关系类型可以忽略。因此，关系集合常被看作是智能体的行为规则的集合，是整个系统最为核心的部分。因此根据研究问题的系统局部细节、智能体类型及其反应规则和局部行为可以构造出具有不同结构和功能的多主体系统模型。

3.2　主体、行为与规则

3.2.1　主体概念与类型

主体(agent)这个词在不同学科背景中有不同的含义。比如在人工智能领域，agent 通常被认为是智能代理；在多主体系统模型中，agent 是一个软件实现的对象，存在于一个能够执行的环境中，具有主动学习和适应环境的能力。智能体的使用最早出现于 *Social of Mind* 一书中，国内学者与相关文献中通常将其称作智能体或主体等。目前，对 agent 的定义并未统一，其中，Wooldridge 和 Jennings(1995)等有关主体的"弱定义"和"强定义"的讨论被广为接受。主体的"弱定义"具有如下 4 个主要特性。

(1)自治性(autonomy)：主体运行时能够自主地采取行动以达到自己的目标，

而不需要他人的介入或干预。这是传统对象所不具有的。

(2) 社会性 (social-ability)：主体能够通过某种通信语言与其他主体进行交互，以达到自己的目标。

(3) 应激性 (reactivity)：agent 能够感知他们所处环境的变化，并通过改变自身的结构和行为来适应环境，同时能对外界的刺激做出反应。

(4) 主动性 (pro-activeness)：agent 的行为应该是主动的，或者说是自发的。

在弱定义的概念上再加上信念 (belief)、愿望 (desire)、意图 (intention)、能力 (capability)、责任 (obligation)、承诺 (commitment) 等心智状态方面的描述，就成为 agent 的强定义。

大多数 ABM 包括以下类型的主体。

(1) 代理人/个人。模型可以具有不同类型的主体。例如，狼和绵羊，甚至同一类型中的不同亚型，例如植物的不同功能类型或动物的不同生命阶段。主体类型的例子包括：生物、人类或机构。

(2) 集体。主体集合可以有自己的行为，因此将它们定义为主体是有意义的。例如，动物的社会团体，居民家庭或由细胞组成的器官。集体通常以其组成主体列表及仅由集体而不是其构成成员执行的特定操作为特征。

3.2.2　主体行为与规则

主体行为与规则是建立在主体特性之上的。Garcia (2005) 为主体行为规则下了一个比较全面的定义。他认为，主体行为与规则是主体必须遵守的一系列基本法则，在它的基础之上，主体会产生各种行为，主体之间、主体与环境之间会发生相互作用。正是由于这些规则的存在，在系统演化过程中，主体才会不断地改变自身的行为来适应外部环境，从而涌现出复杂现象。主体规则的设计是多主体仿真建模的基础，它设计得合理与否直接关系仿真模型的成败。如果主体规则设计过于简明和抽象，那么就会使模拟结果与现实偏离太远，无法达到模型预期的目标。另一方面，如果主体设计过于复杂和具体，那么就会使模拟过程无法控制，模拟结果很难解释，同样达不到期望的效果。多主体仿真模型中，各主体是相互独立的，他们有各自的行为规则，并通过这些规则与其他主体和环境发生作用。另外，多主体仿真模型中的主体来源于现实世界，他们的行为更加复杂，所造成的后果难以预料。因此，只有设计合理的主体行为规则，才能使仿真模型更好地解释复杂现象。

鉴于主体行为与规则设计的重要性，国内外一些学者在多 agent 建模过程中，对主体规则的设计问题进行了一些阐述，但到目前为止还没有形成统一的、完整的设计原则。通过对现有文献的认真分析，尽管多主体仿真的内容和目的各不相同，但在主体行为规则的设计方面却体现出许多相似之处。例如，Garcia (2005)

认为，主体规则的设计主要是建立在案例研究、已有实验数据和经验及理论假设基础之上的。同时他还指出主体规则既可以很简单，也可以非常复杂。但是，规则越复杂，对模型结果的理解也就越困难。Sterman(2000)强调，主体规则设计要充分反映现实情况；要在检测模型总体有效性的基础上，不断修正和调整主体的规则，以此来保证仿真模型的有效性。我国学者任锦鸾(2002)利用研究复杂系统的模拟平台——SWARM，基于我国的创新系统现状和复合三链螺旋模型对创新网络的形成过程进行了模拟研究，她认为主体行为规则就是对现实的客观反映。童慧骅和屠文川(2006)也是基于这样的设计理念对代理主体行为进行仿真研究，探讨了代理主体行为对环境的影响。

经过对先前的研究进行提炼、归纳并加以拓展之后，发现多主体模型中主体规则的设计主要遵循三个原则。

(1)现实性和理论抽象相结合的原则。多主体建模最直接的目的就是解释现实生活里各种复杂系统(生物、生态、社会、经济等)中所涌现出来的复杂现象，并理解这些现象背后的机制。在此基础上，只要模型能够忠实地复制真实系统的动态行为特征，就可以让模型拟合系统过去的状态，然后让模型继续运行，以便预测系统未来的演变趋势。更进一步讲，管理者或政策制定者就可以依据这些理论和预测进行信息管理、政策分析和做出决策。从上面的分析不难看出，多主体模型中的主体行为规则设计就是对"真实世界"的高度浓缩。主体规则的设计需要认真研究现实案例；需要可观察的证据和背景理论来支持。在取得了观察数据之后，经过周密地分析和研究，把这些现象和数据抽象为理论假设，进而设计出仿真模型。

(2)易操作性原则。主体行为规则设计的最大困难，就在于如何判断主体的哪些现实特性应该保留、哪些可以剔除。现实特性剔除得越多，在模型和现实之间的差异就越大，在解释时也就会有些牵强附会；另一方面，特性保留得越多，对模型的解释和检验就越困难，模型的有效性也就无从谈起。因此设计主体规则时，需要在这两者之间寻求一种动态的平衡，使模型达到充分有效。一般来说，如果建立模型的目的是预测，那么主体规则相对要精确一些；如果是解释现象，那么主体规则的简明性就更重要。总之，主体规则设计的繁简程度取决于仿真的目的、研究者的建模经验和仿真工具的功能等因素，换言之规则设计的目的就是在符合现实情况的基础上，保证仿真实验完全被研究者掌控，同时能够使实验结果达到预期目标。需要特别指出的是，由于种种原因，目前主体规则的设计要尽可能简化真实世界的性质，只保留那些对解决问题必不可少的内容。

(3)检验性原则。在实际的仿真研究中，要做到只进行一次实验就可以达到预期目标是非常困难的。很多情况下，刚开始运行的仿真实验输出的往往是错误结果。这主要是由于主体行为规则和模型初始参数设置不合适造成的。因此，需要在原始仿真模型的基础上不断修正主体行为规则和初始参数值，直至模型建立成功。

因此，模型中主体行为与规则的设计需要对各方面因素进行合理考虑，从而建立一个符合实际的模型，由此达到仿真目的。

在主体行为与规则制定好之后，模型就可以按照既定规则和步骤进行仿真执行了。多主体模型主体的行为与规则具体表现为：在适当的时刻，模型中具有行为决策能力的适应性主体根据环境的特征选择适当的动作输出。agent 的行为过程一般分为三个阶段，分别为感知、推理和执行。

(1)感知是对输入的信息进行初步的加工，对信息进行判断，找出最有用的信息。

(2)推理就是根据具体的决策规则，进一步获得环境详细信息，并采取相应的行为的过程。

(3)按照操作步骤进行执行。

3.3 环境与变量

3.3.1 环境系统

空间环境与社会环境构成了多主体模型的环境系统，包括区域自然、社会、经济概况，空间利用现状信息，交通、商业中心、绿化环境、居住区等公共资源信息，以及与智能体交互作用所产生的空间变化信息等，可以看作是区域环境条件与智能体决策影响因素的综合表达，如图 3.1 所示。

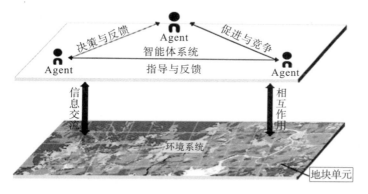

图 3.1 ABM 模型的环境系统

ABM 模型一般用于仿真事件过程、社会发展现象，以此探究复杂系统的演化过程。复杂适应系统理论的核心思想是"适应性造就复杂性"，该思想是 ABM 模型探究复杂系统演化过程的重要思路。ABM 模型中，正是模型中各类智能体的适应性行为造就了模型空间环境系统的复杂性，模型空间环境的塑造与其模型内部的微观个体行为是息息相关的。模型中各类智能体基于对现实环境的认知与判断，在区位选择与规划方面做出相应决策，区位论是个体决策过程中的重要依据。区位包含两方面的含义，一方面即智能体进行社会经济活动的时空地理位置；另一方面又包含了个体与个体、个体与环境的地理关系。多主体模型中的个体为满足其资源需求而选择的区位，一方面是其居住位置，另一方面又包括该个体在此区位进行的社会活动所需的各项成本总和，例如社交、工作、购物、娱乐等活动，以及社会人文与自然环境对模型中个体的身心影响。系统结构与环境的非匀质性，微观个体的差异与在区位选择上的偏好共同导致了模型空间环境系统的区位分异。

模型空间环境系统的格局变化与微观智能体行为之间的影响是相互的。智能体行为能够塑造系统空间格局，同时，系统空间格局的变化也会影响智能体对环境的认知映射，间接对智能体决策行为产生影响。智能体行为若以统一的空间环境系统为实现平台，在稳定而无异质性的系统中，智能体决策行为结果通常是无差异的；但在不断变化、非匀质性的系统中，智能体的决策规则会随着周围环境的变化而变化。一般 ABM 模型的空间环境并非匀质性，所以模型中空间格局的变化会导致环境层的变化，形成新的经济、社会、自然条件下的个体活动特征；具备自主性、感知性、适应性、目的性与智能性的智能体，会主动对周围环境的变化展开新的学习与认知过程以积累经验，进而改变自身行为规则以适应新的变化。除此之外，宏观调控、政策干预也会对智能体行为产生影响，并引起系统空间格局的变化，形成非线性、不断交互的过程。

3.3.2　环境变量定义

ABM 模型的环境包括空间环境与社会环境，两部分共同构成了智能体开展决策行为的场所，是智能体与地理环境进行交互作用的平台，并及时更新着环境状态。

在模型中空间环境一般通过划分地块单元和其本身具有的真实地理特征来表示，ABM 模型中最常见的空间单元为栅格。空间环境即模型的地理空间体系，对模型研究区域建立地理坐标体系，用于定位和划分模型地理空间。模型可根据不同需求进行多级划分，栅格是模型地理空间环境的最小单位，形态为正方形区域，其面积为 $a \times a$，其中不同的模型根据不同需求与不同尺度要求，可对 a 的大小进行合理定义。例如，多数 ABM 模型地理空间数据采用 GIS 扩展模块进行显示、处理、导出，将地理数据由栅格文件转为 ASCII 文件进行使用。模型的地理空间环境是真实世界的真实映射，对于模型仿真结果的准确性具有十分重要的作用。

社会环境是在地理空间环境基础之上的真实社会资源的反映，一般通过定义环境变量来表示。按照定义的范围环境变量划分为两类，一类是整体环境变量，即该变量是模型整个空间环境的统一变量，在所有地块单元中，该变量具有同一值；另一类是局部环境变量，即该变量在模型空间环境中具有多个值，在每个或每几个地块单元中具有不同值。社会环境各类变量的定义反映了所研究复杂系统的真实性与复杂性，是 ABM 模型重点关注和研究的重要因素。各类环境因素考虑的全面性、变量数据的真实可靠性是 ABM 模型模拟合理性、真实性的重要保障。

3.3.3　常见的环境变量

ABM 模型可对复杂的事件过程和人类社会进行仿真模拟。复杂事件的仿真模拟一般为研究该事件的发展过程，了解该事件的内部结构与运行机制，例如，电路设备运行模拟、网络事件仿真模拟等；人类社会的仿真模拟一般为分析某一社会区域的现状与发展趋势，了解人类社会发展的趋势走向，例如，城市交通、医疗、安全、教育、应急疏散等各项属性的模拟仿真，土地利用变化模拟仿真等。

针对人类社会模拟的 ABM 模型常见的环境变量多为社会、经济、政策和人文等环境变量，且可能会根据具体的研究问题进行合理取舍和重点刻画。常见的环境变量大致包括以下几类。

(1)地理环境变量：土地高度、土地坡度、土地类型、土壤含水量、土壤肥力、土壤侵蚀度等。

(2)公共资源变量：各类公共资源水平，例如教育水平、交通水平、医疗水平、商业资源水平、绿化水平等。

(3)政策背景变量：政府补贴、政府政策，例如，二胎或三胎政策、退耕还林指标、退牧还草指标等与政府政策相关变量。

(4)社会人文变量：人口密度、建筑密度、生产力水平等。

针对复杂事件过程的 ABM 模型常见的环境变量多为事件运行基础变量，例如，运行环境性能、所需条件等信息。常见的变量包括：计算机相关事件模拟中的存储空间大小、处理效率、显示分辨率等；细胞分裂模拟中的培养液浓度、温度、湿度等；网络数据传输模拟中的带宽、传输媒介的传输速率等。

3.4　程　序　设　计

程序设计是给出解决特定问题程序的过程，是软件构造活动中的重要组成部分，往往以某种程序设计语言为工具，给出这种语言下的程序。程序设计过程应当包括分析、设计、编码、测试、排错等阶段，专业的程序设计人员常被称为程序员。

3.4.1 开发语言选择

基于 agent 的仿真系统的开发语言一般应满足：①面向对象；②平台独立性；③通信能力；④代码操作。

根据这一标准，用面向对象语言（如 C++或 Java）更容易构造 agent，而其他面向过程的编程语言在这方面能力较弱。agent 的概念与对象的概念较为相近：均由属性和方法构成，均可使用典型的 OO 概念，如继承、封装等。由于面向方面的编程（aspect-oriented programming，AOP）语言还处于原型阶段，尚不成熟，因此，面向对象开发方法与基于 agent 的仿真系统开发方法有着紧密的联系。Java 语言是一种跨平台、适合于分布式计算环境的面向对象编程语言，由 Sun 公司开发。1995 年一经推出，就以其平台无关性的独特优势，受到计算机工业界的普遍关注，面向对象、安全性、可移植性、结构中立、多线程、动态特性等特性使其成为计算机编程的强大工具，同时也为创建 agent 系统提供了强有力的支持，可以说 Java 比其他任何语言都更适合开发基于 agent 的仿真系统。

3.4.2 程序设计原则

1. 单一职责原则

单一职责原则（single responsibility principle，SRP）又称单一功能原则。它规定一个类应该只有一个发生变化的原因。该原则由罗伯特·C. 马丁（Robert C. Martin）于《敏捷软件开发：原则、模式和实践》一书中给出。马丁表示此原则是基于汤姆·狄马克（Tom DeMarco）和 Meilir Page-Jones 著作中的内聚性原则发展而来的。所谓职责是指类变化的原因。如果一个类有多于一个的原因被改变，那么这个类就具有多于一个的职责。而单一职责原则就是指一个类或者模块应该有且只有一个改变的原因。

2. 开闭原则

在面向对象编程领域中，开闭原则规定"软件中的对象（类、模块、函数等）应该对于扩展是开放的，但是对于修改是封闭的"，这意味着一个实体是允许在不改变源代码的前提下变更它的行为。该特性在产品化的环境中是特别有价值的，在这种环境中，改变源代码需要代码审查、单元测试及诸如此类的用以确保产品质量的过程。遵循这种原则的代码在扩展时并不发生改变，因此无须上述的过程。

3. Liskov 替换原则

Barbara Liskov 于 1988 年提出了著名的替换原则："如果对于类 S 的每个对

象 O_1 存在类 T 的对象 O_2，那么对于所有定义了 T 的程序 P 来说，当用 O_1 替换 O_2 并且 S 是 T 的子类时，P 的行为不会改变。"通俗地讲，就是子类能够完全替换父类，而不会让调用父类的客户程序从行为上有任何改变。

4. 接口隔离原则

客户端不应该依赖它不需要的接口；一个类对另一个类的依赖应该建立在接口最小化上。

5. 依赖反转原则

高层次的模块不应该依赖于低层次的模块，它们都应该依赖于抽象。抽象不应该依赖于具体实现，具体实现应该依赖于抽象。

3.4.3　程序实现

土地利用变化多主体模型的构建主要包括初始化、数据更新和数据收集三部分。

1. 初始化

模型初始化主要包括环境构建、数据加载、agent 生成等。程序实现时，根据程序设计原则进行代码编写。

1) 环境构建

```
public class A implements ContextBuilder<Object> {
@Override
public Context build(Context<Object> context) {
//设置环境 ID
  context.setId("A");
  //连续空间工厂，声明空间工厂对象
  ContinuousSpaceFactory spaceFactory = ContinuousSpace Factory
Finder. createContinuousSpaceFactory(null);
  //使用连续空间工厂构建空间 space，并设置空间宽 X 和高 Y
  ContinuousSpace<Object> space = spaceFactory.create Continuous
          Space("space", context, new Random CartesianAdder<
          Object>(), new repast.simphony. space.continuous.Wrap
          AroundBorders(), X, Y);
  //栅格工厂，声明栅格工厂对象
  GridFactory gridFactory = GridFactoryFinder.createGrid Factory
```

```
(null);
    //使用栅格工厂构建栅格 grid，并设置栅格宽 X 和高 Y
    Grid<Object> grid = gridFactory.createGrid("grid", context, new
        GridBuilderParameters<Object>(new Wrap Around Borders(),
        new SimpleGridAdder<Object>(), true, X, Y));
    //返回值为环境
    return context;
    }
}
```

其中：A 为环境名称；X、Y 分别为地图的宽和高；space 为空间；gird 为栅格。

2) 数据加载

（1）地图数据存储：对地图数据的各种属性进行保存，主要包括以下 5 种属性。

```
private int ncols; //栅格数据的列数；
private int nrows; //栅格数据的行数；
private String cellsize; //栅格的边长；
private String NODATA_value; //无数据的指示值；
private double[][] data; //栅格数据
```

其中：ncols 和 nrows 分别为栅格数据的列和行，对应地图的宽和高。

（2）地图数据加载：

```
private GridValueLayer currentLandUse; // 用来保存当前的土地利用状态
值，需要实时更新
//遍历宽 X
for (int i = 0; i < X; i++) {
    //遍历高 Y
    for (int j = 0; j < Y; j++) {
        // 初始化部分 GridVauleLayer
        currentLandUse.set(value, i, j);
    }
}
```

其中：currentLandUse 为值层，用来将坐标和对应栅格相匹配；X、Y 为地图的宽和高；currentLandUse.set（value，i，j）用来设置对应栅格的值；value 为值；i、j 为对应坐标。

(3)地图数据显示:

```
/**
 * 自定义 LandUse 对应的 ValueLayer 的显示颜色和大小
 */
public class LandUseStyle implements ValueLayerStyleOGL {
//定义值层
 private ValueLayer vl;
 //获取颜色
 public Color getColor(double... coordinates) {
        switch ((int) vl.get(coordinates)) {
        case 1:
                return new Color(110, 0, 13);
        case 2:
                return new Color(110, 0, 13);
        case 3:
                return new Color(0, 97, 0);
        case 4:
                return new Color(0, 97, 0);
 …
 …
 …
 }
 return Color.WHITE;
}
//获取栅格大小
public float getCellSize() {
        // 大小设置为 2.0
        return 1.0f;
}
//值层初始化
public void init(ValueLayer layer) {
        this.vl = layer;
}
}
```

　　其中:getColor()获取颜色;getCellSize()获取栅格大小;init(ValueLayer layer)进行初始化并连接对应值层;Color(…，…，…)为遵循 RGB 规则的颜色生成。

3）agent 生成

将 agent 添加至环境 context 中，space 为 agent 的所属空间，grid 为 agent 的所属栅格，"……"为 agent 的其他属性，如年龄、性别等，可根据具体需求来添加。

```
context.add(new Agent(space, grid, ……));
```

2. 数据更新

agent 的活动会引起大量数据的更新，如 agent 状态、土地利用的变化等，将数据进行统计并处理。省略内容为 agent 活动。

```
/**
* 更新数据(每年一次，保证运行 30 年)
*/
@ScheduledMethod(start = 1, interval = 1)
public void update(){
 …
 …
 …
}
```

其中，@ScheduledMethod(start = 1，interval = 1)为注释函数，即该注释下方的方法从 start 时开始运行，运行间隔为 interval。

3. 数据收集

将需要分析的数据收集，以便在图表中展现。

```
public class data AggregateDataSource {
 //获取数据 ID
 public String getId() {
  return "Age_0_10";
 }
 //获取数据类型
 public Class<?> getDataType() {
        return int.class;
 }
 //获取数据来源类型
```

```
public Class<?> getSourceType() {
 return Context.class;
}
//获取的数据反馈至图表
public Object get(Iterable<?> objs, int size) {
        return DataStorage.getInstance().getData();
}
//数据重置
public void reset() {
}
}
```

　　其中：getId()为获取数据 ID；getDataType()为获取数据类型；getSourceType()为获取数据来源类型；get(Iterable<?> objs，int size)为将获取的数据反馈至图表中；reset()为数据重置。

第4章　多主体模型对农牧交错区
耕地利用模拟的实证研究

4.1　研　究　背　景

(1)整合农户生计策略研究耕地利用的变化趋势及适应性利用途径是实现生态脆弱区可持续发展的前沿科学思路。

耕地资源利用不仅是全球粮食安全的核心(Mueller et al.，2012；Lambin and Meyfroidt，2011；Tilman et al.，2011)，也是目前气候变化、生物多样性损失、土地退化与淡水资源减少等重要环境问题的首要驱动力(Power，2010；Millennium Ecosystem Assessment，2005；Foley et al.，2005)。中国自古就是农业大国，用占世界7%的耕地养活了占世界22%的人口，农业土地利用形式——耕地资源对农业和国民经济可持续发展起着不可替代的基础性作用(蔡运龙和傅泽强，2002)。

我国耕地实行家庭联产承包责任制，农户作为耕地利用的决策主体(欧阳进良等，2004)，其生计策略(包括劳动力资源配置)显著影响土地利用模式(Holden et al.，2004；Pender，2004)。基于农户视角研究农户生计策略与耕地利用这一生产合作关系逐渐得到学者关注(王成超和杨玉盛，2011；张丽萍 等，2008；Koczberski and Curry，2005；Soini，2005；Holden et al.，2004；Ellis and Mdoe，2003；Barrow and Hicham，2000)，同时Munroe等(2013)鼓励从农户生计策略角度深入探索农户耕地利用行为变化规律。

随着社会经济发展、气候环境变化、国家生态保护政策和种粮补贴政策的实施，大量农业劳动力析出至大城市，农户劳动力资源配置发生剧烈振落并带来农户生计多元化。生态脆弱区由于农业收入较低，大量农业劳动力外出打工使得耕地出现了一系列转租、撂荒等与传统农业相悖的现象，造成农民与耕地的人地依存关系键断裂，耕地系统可持续性与农户生计稳定性受到不断挑战。土地流转至少数人手中对农业适度规模经营产生较大威胁，不合理的土地流转对土地经营权造成危害以至影响农户生计稳定性和耕地系统可持续发展。耕地撂荒导致粮食产量降低，已发展成为全球现象，其带来的影响与景观有不同级别的关联，并且已经在科学文献中广泛地讨论过(Munroe et al.，2013；Otero et al.，2011；Raj Khanal and Watanabe，2006；Bielsa et al.，2005；Romero-Calcerrada and Perry，2004；MacDonald et al.，2000)，包括影响当地食品供应；景观植被一体化，增加了野火发生的概率；

土壤侵蚀等水文和侵蚀性效应，以及土壤荒漠化；土壤水存储量减少；生物多样性损失及适应性物种减少；文化和美学价值损失，如传统农耕方式的消失。

（2）农业土地利用变化系统是耦合的"人类-自然"复杂系统，需要综合考虑制约耕地利用变化的自然因子和社会因子。

农业土地利用变化系统是人类活动与自然因素综合作用下的复杂系统，其内部具有复杂的层级或平行关系，其上下层级间的因果关系与反馈作用是复杂系统保持动态的根本原因。无序性、动态性、多层级性、自组织适应性、控制性与突发涌现性、异质性和相互作用性是农业土地系统的主要特征（余强毅 等，2012）。区域农业土地利用变化可以总结为一定地域范围内的地形、地貌、土壤、基础地质、水文、气候和植被等所有自然因素及过去和目前人类在这一地域范围内的土地利用活动相互作用的复杂过程（Bradbury，1993）。在农业土地系统变化过程中，人类活动逐渐成为土地利用/土地覆被变化中的主导因素，而自然因素由于动态变化幅度较人类活动小，对土地利用/土地覆被变化产生的影响较小。土地利用变化系统是耦合人类-自然系统，但已有研究却很少将自然因子与社会因子综合考虑（余强毅 等，2013；潘理虎 等，2010），闫丹等（2013）从大尺度角度分析了邻域、坡度、湖泊因素加进模型，却没有考虑 NPP、地形起伏度、道路等影响。

全球土地计划（Global Land Project，GLP）执行概要（Secretariat，2005）中指出地球的变化主要源于人类对生态系统和景观的改变，需要加速理解"人类活动如何影响陆地生物圈的自然过程，更加需要评估这些变化产生的后果"，人类对土地利用影响成为研究的核心问题之一。

（3）多主体模拟技术是当前能够模拟人的行为取向与土地系统变化相互作用关系的最适宜方法，而农户类型学则推动了该技术的发展。

随着科学技术发展及人类认识世界、改造世界能力的提高，简化的科学方法论——归纳法和演绎法已经不能满足当前日益发展的科学需求，人们逐渐意识到现实世界受非线性、时空尺度异质性的社会-环境耦合系统间的动态相互作用。这就需要寻求新的能够表征复杂性科学问题的方法，强化人类在研究领域中的主观能动性，进而辅助科研人员更好地认识和改造未知世界。

自从 20 世纪 90 年代中期以来，复杂性理论如系统动力学、人工神经网络、模糊集和模糊理论、分形理论、元胞自动机、遗传算法、人工科学、基于主体的建模等在地理学中得到了广泛的应用。系统动力学模型、元胞自动机模型、大都市扩展模型和主体建模模型都强调了人类社会经济系统与自然生态系统之间的动态反馈关系，强调在模型中纳入社会经济因素进行研究的重要性（刘燕华 等，2004；何春阳和史培军，2002；Torrens and O'Sullivan，2001；Veldkamp and Fresco，1996）。通过多学科、多尺度、多视角和多层次表征土地利用变化的复杂性，进而更好地反映社会经济和自然之间的动态反馈关系已经成为国内外学者关注的焦点之一（李秀彬，2002；蔡运龙，2001）。

　　ABM 因其自底向上以主体自治性与适应性的独特分析视角，充分体现了人类主观能动性改造自然的能力，成为与归纳法和演绎法并列的第三种科学研究方式，且得到越来越多的学者的重视。ABM 的核心思想是 Holland 在 1995 年提出的复杂适应系统理论，即系统的复杂性起源于其中个体的适应性：正是这些个体与环境及与其他个体间的相互作用，不断对自身进行改变和完善，同时接受来自环境反馈作用，才造就了系统的复杂性。而土地利用变化不仅存在时间演化的动态性，也存在空间分布的不均匀性。传统的土地利用模型进行研究具有较高的难度，ABM 方法则另辟蹊径，"自下而上"地对复杂系统中的众多微观个体进行模拟。通过赋予微观个体一定的行为规则，定义个体间的交互机制，最终研究宏观层面上的有序模式的"涌现"（Lazonick and O'sullivan，2000），因此在土地利用/土地覆被变化研究领域得到了越来越多的推广和应用。

　　因土地利用/土地覆被是许多个农户决策的累积效应，多主体技术从农户主体的视角在理解和模拟区域土地利用变化方面越来越受到学者关注。然而人们常不能以实测数据定义 agents，忽视了农民及其耕地固有的多样性特征。根据农民观点、耕地特征和农户耕地利用决策将农户进行分类，借助多主体技术模拟耕地利用变化过程以表现土地利用决策的多样性是 ABM 在 LUCC 应用中具有推动性的一步（Valbuena et al.，2008）。

　　（4）退耕背景。

　　退耕包括农户自发的弃耕、撂荒，以及农户响应国家政策进行的退耕还林还草，外文文献中多以"abandoned farmland"、"agricultural land abandonment"、"rural land abandonment"和"Grain for Green"表示，与传统的退耕还林还草概念不同。退耕作为一种复杂现象，受经济、环境和社会多方面因素驱动，具有全球普遍性且与传统耕种模式下降相关（Renwick et al.，2013；MacDonald et al.，2000）。农业土地利用形式——耕地资源对农业和国民经济可持续发展起着不可替代的基础性作用，而退耕导致耕地资源面积减少，进而影响粮食生产可持续性与农民生计稳定性发展（李秀彬，2008）。同时退耕带来的消极影响（Benayas et al.，2007）还包括：土壤侵蚀和荒漠化、土壤水存储量减少、生物多样性和适应性物种减少、野火发生次数增加及美学价值损坏等。因此，揭示退耕发生时间、地点及其原因等规律具有非常重要的现实意义。

　　国际上关于退耕发生规律的案例研究较多（Prishchepov et al.，2013；Cocca et al.，2012；Díaz et al.，2011），诸如 1985～2007 年智利南部因土壤质量、市场可达性及农业补贴等导致退耕形成（Díaz et al.，2011）；1980～2000 年阿尔卑斯山地区因坡度陡峭、生产率较低且较难管理多数农耕地退耕（Cocca et al.，2012）等。不同退耕区域的驱动力均不同，分析区域退耕具有较强的典型性和代表性。

　　因人口增长、粮食需求、气候变化及国家政策（国家生态保护工程）实施等影响，内蒙古自治区耕地面积不断发生变化。耕地资源同时承受着粮食生产、城镇化发展和生态保护三者对土地需求的激烈冲突(李秀彬，2008)。该区退耕问题已成为相关学者研究的焦点，诸如区域退耕还林是否引发粮食危机(闫慧敏 等，2012a；封志明 等，2002)、时空格局变化(周德成 等，2012)、社会经济效益变化(李彦 等，2004；高军和贾志文，2003)、农业劳动力转移与耕地利用集约度变化(郝海广 等，2010；文飞人，2011；朱会义 等，2007)等。然而以往论文缺乏针对整个内蒙古自治区退耕问题的研究，且研究较多关注耕地开垦适宜度评价(Qin et al.，2013；Dong et al.，2011)，却忽视了对已有耕地退耕规律的研究。

遥感技术的出现使得大尺度观测退耕成为可能，该技术同时弥补了统计数据效率低、主观性较强、精度差等不足。目前我国分析耕地变化主要集中在两个方面：其一是利用统计数据分析耕地变化及其驱动机制(史娟 等，2008；徐宪立 等，2005)，该分析方法精度较低；其二是基于遥感数据，分析耕地变化的时空格局(董婷婷 等，2007；张国平 等，2004；张定祥 等，2003)，但截至目前全面专注退耕研究的文献并不多，且大多只针对退耕还林工程(刘文超 等，2013；黄建文 等，2008；王思远 等，2005；杨存建 等，2001)。

本章以整个内蒙古自治区为研究范围，以遥感数据和测站数据为支撑，分析退耕(本书中特指耕地减少，与传统狭义的退耕还林概念不同)与降水和 NPP 指标空间分布的耦合规律，致力于回答①过去 20 年内蒙古自治区退耕的空间分布规律与特点，②根据发现的规律探讨不同时期退耕发生的可能原因(即基于政策驱动抑或农户自发意愿)两大问题，以期为客观认识区域退耕发生规律提供科学依据，并为未来如何合理引导退耕提供建议。

4.2 研究区概况与数据采集

4.2.1 研究区概况

内蒙古自治区位于中国北部边疆，由东北向西南斜伸，呈狭长形，地理位置介于 97°12′N～126°04′N，37°24′E～53°23′E。土地总面积 118.3 万 km²，是中国第三大省区，占全国总面积的 12.3%，其中耕地面积为 7.1 万 km²，占该省区总面积的 6.04%。东、南、西与 8 省区毗邻，北与蒙古国、俄罗斯接壤，国境线长 4200km。全区地势较高，平均海拔 1000m 左右，形成以温带大陆性季风气候为主的复杂多样的气候。年平均气温 0～8℃，气温年差为 34～36℃，日差平均为 12～16℃。年总降水量 50～450mm，由东北部向西部递减。该区辖 9 个市，3 个盟。截至 2020 年，全区常住人口为 2404.92 万人。其中，城镇人口为 1622.75 万人，乡村人口为 782.17 万人[①]。

---

①内蒙古自治区人民政府，2020. 内蒙古概况. http://www.nmg.gov.cn/asnmg/.

　　1991～2010 年内蒙古自治区总人口数和非农人口数均呈显著线性增长趋势，分别由 1991 年的 2183.9 万人、677.0 万人增长至 2010 年的 2472.2 万人、1010.2 万人(内蒙古自治区统计局，2010)。而农业人口在 1991～1999 年呈现逐渐增加趋势(由 1991 年 1506.9 万人上升至 1999 年 1553.7 万人)，1999～2005 年则呈现急剧下降形势(2005 年 1446.2 万人)，2005～2010 年基本稳定。人口数量的明显上升是粮食需求增加的直接原因，非农人口上升而农业人口下降则表示农业劳动力出现转移的趋势。该时段内蒙古气温呈加速上升趋势，而降雨量则呈由少到多的变化趋势(陈素华和宫春宁，2006)，气候因子动荡变化在不同程度上制约着耕地生产条件。据中国环境统计年鉴记载，内蒙古城镇建设用地呈显著增长趋势，2004 年城镇用地面积为 362.3km^2，2010 年则增至 581.0km^2。自 1999 年启动的退耕还林还草生态工程(白雪红 等，2014；徐晋涛和曹轶瑛，2002)及自 1978 年启动的大型林业工程"三北防护林体系"以来(朱金兆 等，2004)，大量坡耕地、沙壤耕地等被转为林草地。为促进粮食生产、调动农民种粮积极性和增加农民收入，国家自 2004 年起在内蒙古实施按照实际种植面积对农户进行直接经济补贴的政策(白雪红 等，2014)。受人口增长带来的粮食需求增加、气候变化、城镇化发展和国家政策等影响，耕地面积不断发生变化(图 4.1)，耕地资源同时承受着粮食生产、城镇化发展和生态保护三者对土地需求的激烈冲突。

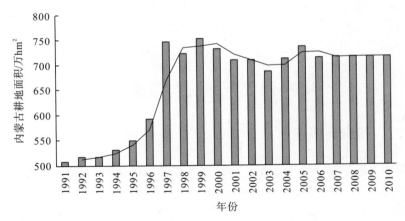

图 4.1　1991～2010 年内蒙古自治区耕地面积变化趋势

注：数据来自《内蒙古统计年鉴》(1991～2010)

1. 自然条件

　　因主体建模多在小区域范围展开，研究区域选择位于太仆寺旗东部的千斤沟镇。由于千斤沟镇隶属于太仆寺旗，考虑太仆寺旗相关文献的可获取性及权威性，以太仆寺旗的社会经济条件和自然条件表征千斤沟镇区域概况。太仆寺旗位于锡林郭勒盟南部，114°51′E～115°49′E、41°35′N～42°10′N，阴山北麓，浑善达克沙地南缘，海拔 1200～1800m，属于阴山北麓荒漠草原垦殖退沙化生态脆弱重点区域，是典型北方农牧交错带生态环境脆弱区域。全旗总面积 3479km^2，属中温带亚干旱大陆性气候，年平均气温 1.6℃，年降水量不足 400mm。

参照太仆寺旗所在的锡林郭勒盟自然灾害发生情况，发现干旱是锡林郭勒盟发生频率最高的气候灾害。据文献记载（包姝芬 等，2011），锡林郭勒盟 20 世纪 60 年代出现各类旱灾累计 11 次，70 年代出现 9 次，80 年代出现 11 次，90 年代出现 8 次。进入 21 世纪以来，该盟进入持续干旱少雨期，降水量明显减少，蒸发量增大。干旱事件也明显增多，21 世纪前 10 年共计出现了 11 次。夏季降水的减少趋势加剧了夏旱的出现。

2. 社会经济条件

太仆寺旗是国家级重点扶贫开发旗县，2010 年总人口为 21.1 万人，其中农业人口 17.2 万人、非农业人口 3.9 万人，农民人均纯收入 5402 元，人均 GDP 为 28799 元，城乡居民储蓄共 185536 万元。近 10 年内蒙古自治区劳动力资源配置变化明显，非农业人口数呈明显上升趋势，由 2000 年 837 万人上升至 2010 年 1010.22 万人；农业人口数则呈现先下降后稳定趋势，由 2000 年 1535.40 万人下降至 2006 年 1449.30 万人，2006～2010 年呈现不变趋势，农业人口向非农业人口转移趋势明显。该旗是国家京津冀风沙源治理工程中重点治理旗县，自 1999 年实施退耕还林工程以来及自 1978 年开始启动的大型林业工程"三北防护林体系"，全旗耕地资源呈现明显的下降趋势（图 4.2）；与此同时，林地面积则大幅增加。截至 2009 年，全旗累计完成退耕还林面积 69.1 万亩①，其中退耕地造林 43.1 万亩，森林覆盖率由 9.5%提高到 14.2%。退耕还林工程覆盖全旗 5 个乡镇，涉及农户 35569 户、111210 人。近些年耕地面积变化趋势（图 4.2）显示，自 2000 年实施退耕还林政

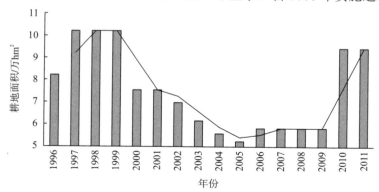

图 4.2   近 15 年太仆寺旗耕地面积变化趋势

注：数据来自《内蒙古统计年鉴》（1996～2011）

①1 亩≈666.67m^2.

策后耕地面积锐减，近两年耕地面积有迅速增加趋势。2010 年仍在实施退耕还林政策，将补贴下调。2007 年结束第一次退耕还林政策，第二轮退耕还林政策开始实施。为进一步促进太仆寺旗粮食生产、保护粮食综合生产能力、调动农民种粮积极性和增加农民收入，国家自 2004 年起在该旗按照实际种植面积对农户进行直接经济补贴（图 4.3）。

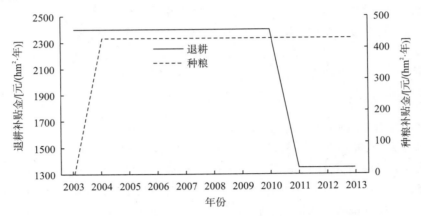

图 4.3　太仆寺旗退耕还林政策和种粮直补政策实施时间轴

注：数据来自政府文件（国家林业局，2000. 关于开展 2000 年长江上游、黄河上中游地区退耕还林（草）试点示范工作的通知. http://www.forestry.gov.cn/portal/main/s/3031/content-448773.html.国务院，2007. 国务院关于完善退耕还林政策的通知. http://www. gov.cn/zwgk/2007-08/14/content_716617.htm.中共中央，国务院，2004. 中共中央　国务院关于促进农民增加收入若干政策的意见. http://www.gov.cn/test/2005- 07/04/content_11870.htm.），并结合当地问卷调研信息

退耕还林政策指党中央、国务院为改善生态环境做出的重大决策，1999 年 8 月国务院提出"退耕还林（草）、封山绿化、以粮代赈、个体承包"的政策方针，对容易发生水土流失的倾斜耕地与容易招致沙漠化的耕地，有计划分阶段地停止耕种，禁止对退耕还林项目区内的现存林草植被的任何外部侵入，通过合理的乔、灌、草的搭配种植，慢慢地恢复森林植被。太仆寺旗补贴标准为：2007 年之前是160 元/亩，2007 年后降为 90 元/亩。

粮食直补政策：为促进粮食生产、调动农民种粮积极性和增加农民收入，国家自 2004 年起在内蒙古实施按照实际种植面积对农户进行直接经济补贴。种粮补贴标准为 28.71 元/亩。

综上，受人口增长带来的粮食需求增加、气候变化、城镇化发展和政策等影响，耕地资源利用同时承受着粮食生产、城镇化发展和生态保护三者对土地需求的激烈冲击，耕地面积不断发生变化。来自国家政策性收入、种植业收入及劳务工资性收入使当地农民生计方式呈多元化形式（李浴霖，2008），当地农户生计和耕地系统可持续发展受到多方面严重影响。退耕还林政策和种粮补贴政策实施时间轴见表 4.1。

表 4.1　国家退耕还林相关政策实施时间

政策	执行时间
《国务院关于进一步做好退耕还林还草试点工作的若干意见》	2000-09-10
《国务院关于进一步完善退耕还林政策措施的若干意见》	2002-04-11
《关于加快林业发展的决定》	2003
《退耕还林条例》	2003-01-21
《国务院办公厅关于完善退耕还林粮食补助办法的通知》	2004-04-13
《国家关于完善退耕还林政策的通知》	2007

4.2.2　数据采集

研究基于宏观遥感数据发现内蒙古自治区退耕时空格局（发现问题），并将研究区域聚焦在退耕发生的热点区域——太仆寺旗千斤沟镇（因 ABM 基于小尺度区域展开，故缩小研究区域）。研究中涉及数据包括近 20 年内蒙古自治区土地利用数据，从遥感数据角度揭示退耕现象发生时空格局及分布规律；近 20 年内蒙古自治区降水测站数据及植被初级净生产力数据，以分析退耕发生区域的降水和植被初级生产力的时空耦合规律；千斤沟镇 DEM、坡度、土地生产力、地形起伏度和道路数据，以分析导致农户退耕的自然因素可能有哪些。

1. 土地利用数据

土地利用数据采用中国科学院地理科学与资源研究所刘纪远团队制作的自 20 世纪 90 年代初开展以耕地为核心的全国土地利用百分比成分栅格数据和耕地动态变化数据（Liu et al.，2005，2003，2002），数据从 Landsat TM/ETM 和 CBERS 影像解译得到，并通过实地调查和精度验证，在生成 1：10 万矢量图基础上统计生成的 1km 成分栅格数据。其精度已得到相关文献验证（Qin et al.，2013；Yan et al.，2009；Liu et al.，2002）。栅格数据中的每个成分栅格记录了栅格内各类土地利用类型所占的面积比例，成分栅格既能够进行有效的空间数据融合，又能够保持面积的精度，有效减小了耕地的数据损失（刘纪远 等，2005，2003）。利用内蒙古行政边界区划提取 1990 年、2000 年和 2010 年三期内蒙古自治区耕地现状及前后两个 10 年退耕动态数据集。LUCC 地类包括耕地、林地、草地、水域、建设用地和未利用地。

首先，土地利用数据用于分析近 20 年整个内蒙古自治区退耕时空格局及分布规律；然后利用多主体模拟平台模拟千斤沟镇退耕时，将 2010 年土地利用现状数据输入模型作为模型运行初始空间。

2. 气象数据

气象数据来自中国气象科学数据共享服务网(http://cdc.cma.gov.cn/)提供的内蒙古自治区 50 个测站 1991～2010 年日平均气温和日平均降水。研究中测站缺测值利用相邻日期观测值线性内插方式替换。通过 Anusplin 薄板平滑样条插值方法将测站点数据插值为内蒙古自治区 1km×1km 空间面状网格数据,插值中利用 1km×1km 空间分辨率的 DEM 数据(数据来自国家基础地理信息)作为协变量。关于降水数据的处理,利用日降水数据累加求得年降水数据。

3. 植被净初级生产力数据

植被净初级生产力(net primary productivity,NPP)是指在植物通过光合作用固定的有机碳中扣除其自养呼吸(auto-trophic respiration)消耗之后,被用于植物的生产和生殖的部分,这一部分用于植被的生长和生殖,也称净第一性生产力。NPP 反映了植物固定和转化光合产物的效率,描述了生态系统可供于异养生物(人和动物)消费的有机物质和能量的水平,是表征植被净固定 CO_2 能力的重要生态学指标,其计算公式为

$$NPP = \sum_{i=1}^{N} \frac{Y_i \times (1 - MC_i) \times 0.45}{HI_i \times 0.9} \bigg/ \sum_{i=1}^{N} A_i \tag{4.1}$$

式中,NPP 为植被净初级生产力,单位是 gC/m^2;N 为作物种类的数量;Y_i 为产量;MC_i 为含水量;HI_i 为收获指数;A_i 为收获面积。

NPP 值由植被光合作用模型(vegetation photosynthesis model,VPM)计算得来,VPM 模型是基于 MODIS 遥感数据的生态系统生产力估算模型。采用 1981～2000 年间隔为 10d、空间分辨率为 8km 的 AVHRR 数据产品以支持 GLO-PEM 模型计算植被初级净生产力,同时采用 2000～2010 年间隔为 8d、空间分辨率为 500m 的 MOD09A1 数据产品,以支持 AGRO-VPM 模型模拟植被净初级生产力 NPP。为便于计算,将两模型计算 NPP 数据重采样为 1km 分辨率以保持和 LUCC 数据分辨率一致。GLO-PEM 是一个主要由 NOAA/AVHRR 数据驱动的生产力效率模型;VPM 模型是基于 MODIS 遥感数据的生态系统生产力估算模型(Yan et al.,2009)。

为消除随机误差带来的影响(刘文超 等,2013;刘军会和高吉喜,2009),利用 1991～2000 年美国国家海洋大气局高级甚高分辨率辐射(national oceanic and atmospheric administration/advanced very high resolution radiometer,NOAA/AVHRR)数据驱动 GLO-PEM 模型计算 NPP10 年平均值表示 1991～2000 年农田生态系统净初级生产力水平;利用 2000～2010 年 NPP10 年均值表示 2001～2010 年农田净初级生产力水平。两套数据已经得到相关文献应用和验证(Yan et al.,2009)。为消除两时段 NPP 值因计算原理不同带来的系统误差,对重叠年份 2000 年 NPP 数

据进行归一化处理。以 VPM 模型计算 2000 年 NPP 数据为标准,通过线性拟合方法($y=3.2986x-69.928$,其中 y 表示 PEM 模拟 NPP 值,x 表示 VPM 模拟 NPP 值)对 GLO-PEM 模型计算的 1991~2000 年 NPP 数据进行归一化处理,拟合优度 R^2 值为 0.5651,如图 4.4 所示。

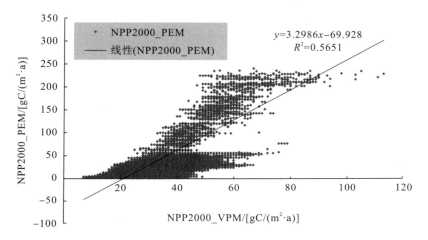

图 4.4　利用 VPM 模型模拟 NPP 数据对 PEM 模型模拟 NPP 数据进行归一化处理

4. 问卷数据收集

问卷调研的目的在于了解当前耕地利用方式,在耕地区域的政策措施(种粮补贴、基本农田建设和特色农业)和退耕区域政策措施(退耕补贴、林草地监管、多种经营、生态移民),分析耕地存在的问题(留守人员老龄化、农业收入水平低下、干旱频发)和退耕地存在的问题(提高农户满意度、保持退耕还林生态效益的持续性),对未来耕地和退耕区可能演变的土地利用方式进行预测,其中耕地的土地利用方式包括弃耕和承包商规模化经营,退耕区的土地利用方式包括退耕地开垦和退耕林草地过度利用情况,问卷针对上述问题进行设计。

为了获得影响农户耕地利用的第一手数据,笔者所在团队于 2011 年 7 月份开展农户问卷调研,以半结构式访谈基于分层随机抽样方法获取来自农户的较真实的一手数据。选择太仆寺旗千斤沟镇西大井村、建国村和旧营盘村 3 个村庄(表 4.2)为调研区域。调查用户抽样方法是按照村落总人口数按比例进行抽样。调查采用面对面访谈形式,被访农户 161 户,共涉及 795 人,回收有效问卷 161 份,回收率 100%,有效问卷 100%。访谈对象包括长期留守农村的中老年农民,也包括中青年农业劳动力,以涵盖较广人群进而了解影响不同年龄农户的因素有哪些。

表 4.2   千斤沟镇调研村落基本情况

村落	经度(E)	纬度(N)	高程/m	到宝昌镇距离/km	问卷样本量	抽样率/%
建国村	115°29′	41°47′	1439	20	28	9
旧营盘村	115°24′	41°45′	1421	15	36	12
西大井村	115°18′	41°48′	1446	10	19	13

为了获取较为全面的农户耕地利用行为影响因素，问卷设置了农户家庭成员结构问题用于分析农户自身影响因素，自然环境因子变化用于分析外在因素的影响。问卷设计的问题还包括耕地利用现状及变化以分析农户新的耕地利用行为特征，农资投入和产出信息用于分析农业生产资本异质性，国家退耕还林补贴和种粮补贴实施情况用于分析国家政策对农户生计和耕地的影响，农户其他收入(养殖收入、工资性收入、子女给钱和家庭经营收入等)以分析农户生计非农化现状及对耕地利用影响。为了分析农户自发适应行为特征，研究对农户的适应能力[包括对科技(农机设备的利用)、教育(子女上学问题)、银行(贷款)、政策(国家政策满意度)适应能力]进行了分析。为了对千斤沟镇未来土地利用变化进行分析，问卷设计了不同的激励措施(包括补贴金额、补贴年限、作物产量、周围邻居行为比例、旱灾发生频率、务农人员年龄、务农人员健康程度和工作机会等)观察农户改变耕地利用行为的阈值。为获取千斤沟镇极端气候事件信息，问卷对当地自然灾害(如旱灾、虫灾、沙尘暴和雪灾等)进行了问题设计。

问卷由封闭式问题和开放式问题组成，包括 5 个部分：①调查对象及家庭成员的基本社会经济特征，包括性别、年龄、职业、文化程度、社保及身体健康状况；②耕地利用及动态，家庭收入来源与支出情况；③适应能力，包括家庭居住条件、交通条件、获取信息方式与能力、子女教育情况、接受技术培训情况，家庭贷款情况；④研究区域的自然灾害情况；⑤开垦和退耕情景下农户未来耕地利用可能性判断。关于问卷详细设计详见附录。

4.3   农牧户行为特征分析

4.3.1   农户类型划分

已有关于农户类型划分的研究成果(朱利凯 等，2011；Sallu et al.，2010；Valbuena et al.，2008；张丽萍 等，2008；欧阳进良 等，2004)没有明确将劳动力资源配置与农户类型关联，利用劳动力资源配置表征农户生计，进而分析农户生计与耕地利用之间关系是研究主线之一。根据农户生计对耕地和非农劳动力资源的占用和需求及农户的经济收入来源，将农户按照决策树分成 5 类(图 4.5)：依赖耕地和农业劳动力、种植业为全部收入的纯农业型农户，依赖社会及国家政策性补贴收入而没有农业和非农收入的补贴依赖型农户，家庭劳动力全部外出打工无农业劳动力的纯打工型农户，非农劳动力和农业劳动力并存且农业收入主导的农业兼业型农户，非农劳动力和农业劳动力并存但非农收入主导的非农型农户。以千斤沟镇为例，补贴依赖型农户、纯农业型农户、农业兼业型农户、非农型农户和纯打工型农户比例为 8%、15%、25%、41%和 11%。

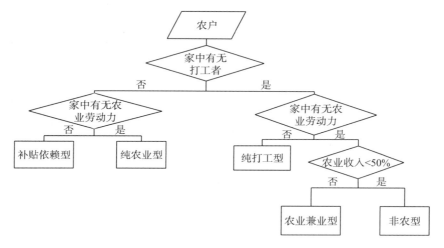

图 4.5　农户类型划分决策树

4.3.2　不同类型农户结构分析

以千斤沟镇为例，讨论该镇不同类型农户相应结构特征。不同类型的农户在年龄、职业结构、劳动力资源配置和农业资本投入等方面均存在差异，但在教育程度方面没有显著差异。性别和教育程度并没有制约当地农户劳动力资源配置，因此对农户类型的划分没有影响。

农户中中青年劳动力职业选择有两种：外出打工、本地务农。而补贴依赖型农户则由于缺乏中青年劳动力使得家庭收入只能依赖国家和社会政策性补贴，其家庭成员由退休老人和未成年孩子组成。纯农业型农户缺少非农劳动力，纯打工型农户则缺少农业劳动力，农业兼业型农户既包含农业劳动力也包含非农劳动力但农业劳动力带来的收入相对占优势，非农型农户也包含两类劳动力但非农劳动力带来收入相对占优势。根据当地农户问卷调查分析发现，当地农户打工类型迥异。按照打工目的地，可将其分为本地打工和外地打工两种类型。其中本地打工主要是在园区种菜、做饭、锄草和从事油菜籽中介等，外地打工主要从事建筑、运输和服务业等。相较其他类型，纯打工型和非农型外出打工比例明显偏高。从农业资本投入(化肥、杀虫剂、种子、灌溉等)角度分析，纯农业型农户的资本投入明显高于其他类型农户。

4.3.3 不同类型农户生计与耕地利用关系分析

1. 农户生计行为特征

为更好地分析千斤沟镇信息，以幸福乡作为案例对比区域。千斤沟镇农户家庭经济来源包括打工收入、种植业收入、租地收入、社保低保、退耕补贴、种粮补贴、养殖收入、子女资助及做生意收入(图 4.6)。千斤沟镇受访农户人均年收入为 4278 元，幸福乡受访农户人均年收入为 1396 元，千斤沟镇人均年收入水平远高于幸福乡。

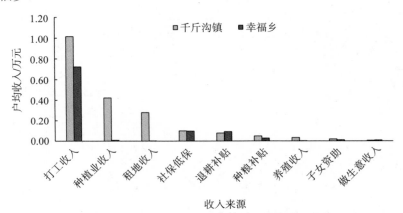

图 4.6　千斤沟镇和幸福乡户均收入来源结构总值分布

两乡镇主要经济收入来源均为打工收入，农户生计行为非农化现象显著，但打工类型差异明显。千斤沟镇和幸福乡农户家庭总收入中，打工收入分别占 51.1% 和 61.0%，均超过其他收入来源总和。千斤沟镇本地打工现象较幸福乡明显，打工人数中 62.6% 外出打工，37.4% 本地打工，本地打工人数中 55.8% 在园区打工；幸福乡的打工人数中 75.7% 外出打工，24.3% 本地打工。

但是两地第二位与第三位主要收入来源存在明显差异。千斤沟镇农户第二位与第三位的经济来源为依托于耕地的种植业收入和租地收入，分别占农户家庭总收入的 21.1% 和 14.1%。尽管两地户均社保低保和退耕补贴收入基本相同，但是在幸福乡这些补贴或补偿性的社保低保和退耕补贴收入却是其第二位与第三位的主要经济来源，分别占总收入的 16.8% 和 15.9%。幸福乡种植业收入仅占总收入的 1.3%，大多数农民种地只是满足自家食用，千斤沟镇和幸福乡分别有 30 户和 3 户农户出售农作物行为。

2. 农户生计行为与耕地利用关系

图 4.7 统计了千斤沟镇不同农户类型农户数及各个类型具有耕地流转行为的农户百分比。千斤沟镇非农型农户数作为最主要群组(占总户数的 41%)，租出耕地农户数也最多，占该群体户数的 52%，同时有 44%农户流入耕地；第二大农户类型农业兼业型群组 28%农户流出耕地同时有 54%农户流入耕地；纯农业型群组占总户数的 15%，纯农业型农户因对耕地有依赖性，72%农户租入耕地且没有流出耕地行为；纯打工型群组占总户数的 11%，该群组因缺乏农业劳动力故100%将耕地全部流出；补贴依赖型农户群组占总户数的 8%，该类型农户因缺失中青年劳动力故流出土地农户比例高达 100%。而幸福乡的各个农户群组均很少有耕地流转行为。

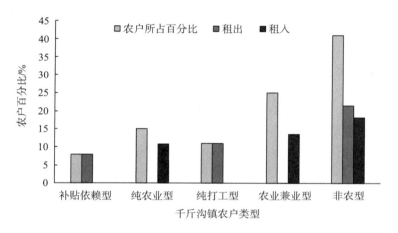

图 4.7　千斤沟镇各农户类型耕地流转行为百分比

千斤沟镇补贴依赖型群组和非农型群组租出耕地农户数较多，可见，千斤沟镇农户租出耕地行为与其生计非农化密切相关。非农型群组主要以打工、出租土地或养殖为生，对耕地依赖性较小；补贴依赖型群组主要以退耕补贴、种粮补贴和社保、养老保险金和低保金维持生计，耕地依赖性较弱而租出耕地；纯农业型和农业兼业型群组主要以种植业收入为生，其因对耕地的较强依赖性很少租出耕地，租入耕地情况较多。当租出耕地无人租入时，耕地将会被撂荒。

尽管幸福乡以非农型和农业兼业型农户为主，但农业生产条件的差异决定其耕地流转与生计特征的关系与千斤沟镇截然不同。千斤沟镇耕地产出和耕种条件均优于幸福乡，旱灾发生频率也低于幸福乡。以主要农作物莜麦为例，耕地平均每亩生产力为 100 斤左右,而幸福乡平均每亩生产力仅 50 斤左右。耕种条件方面，问卷统计千斤沟镇受访农户中有水浇地 338.9 亩，占总面积的 14.3%；而幸福乡受访农户没有水浇地。千斤沟镇自 2008 年至 2010 年持续 3 年干旱，幸福乡自 2006

年至 2010 年持续 5 年干旱。水浇地匮乏使得干旱对幸福乡影响较严重，耕地减产明显且部分耕地几近绝收。同时，缺乏企业承包蔬菜种植基地也显著影响了该乡耕地流转规模。

4.3.4　耕地流转特征与驱动因素分析

内蒙古农牧交错区位于我国生态环境和地域经济的重要分界线上(陈海 等，2006)，与传统农业系统相比，受自然和人类活动双重胁迫，其耕地系统脆弱性与恢复力问题受到国内外学者的普遍关注。过去 50 多年来，北方农牧交错带中部区域增温明显且干旱频发，年降水量总体呈现下降趋势(刘瞳，2012)，耕地流转现象频繁发生。因问卷了解到耕地流转现象比较普遍，耕地撂荒现象则较少，故研究只建立耕地流转模型。影响内蒙古农牧交错带耕地流转的不利因素和有利因素有哪些，以及如何得到驱动机制的定量分析？国家生态补偿政策落实情况及对耕地流转是否起作用？农业劳动力转移是否对耕地流转产生影响？只有深入研究内蒙古农牧交错带耕地资源变化才能回答这些问题。

以往基于农户尺度的研究(韩鹏 等，2012；王成超和杨玉盛，2011；李芬 等，2010；潘理虎 等，2010；王强 等，2010)较少，而且主要集中在内蒙古农牧交错带脆弱区生态补偿机制或者农业劳动力转移一个方面，本书采用第一手问卷数据，综合生态补偿机制和农业劳动力转移等多种因素构建耕地流转模型，选取千斤沟镇和幸福乡两个具有明显差异的乡镇作为对比，研究结果揭示了影响农户耕地流转的主要因素及其影响程度，有利于深入探索促进耕地资源有效利用及农业适度规模经营的途径，同时也能够为国家更好地制定生态补偿政策提供参考。

1. 驱动因子分类及定义

影响农户耕地流转的驱动因素有哪些及如何确定各个因素影响程度大小，需要做定性的驱动过程分析再建立驱动机制模型，从而避免不相关的因素干扰模拟结果。经过面对面实地访谈千斤沟镇农户，确定农户耕地流转行为驱动过程机制及相关驱动因子。

为深入探讨农户各项禀赋对耕地流转的影响，在掌握千斤沟镇生态环境保护政策、社会经济发展策略和土地利用政策与实施效果的基础上，根据当地居民实际情况，综合考虑资料的可获得性、可量化性和可操作性原则，选择农户成员特征、家庭资源配置和农户经济特征三个类别共 15 个变量作为驱动因子，见表 4.3。表征气候灾害损失的指标因可量化性和可获取性较差，暂未列出。

表 4.3　耕地流转 Logistic 模型中自变量列表

类别	影响因素	变量定义	变量类型
农户成员特征	户主年龄	户主年龄大小(岁)	连续变量
	务农人员平均文化程度	1.没上过学；2.小学；3.初中；4.高中；5.中专/大专/技校；6.大学以上	虚拟变量
家庭资源配置	务农人数	家里从事种植业人数(人)	连续变量
	打工人数	家里外出打工人数(人)	连续变量
	公顷均生产力	耕地每公顷生产产量(kg/hm²)	连续变量
	家庭耕地面积	农户耕地总面积(hm²)	连续变量
	劳均耕地面积	家庭耕地总面积/家庭劳动力(hm²/人)	连续变量
	农机设备	0.无；1.打草机；2.播种机；3.收割机；4.拖拉机；5.卡车	虚拟变量
	农业生产投入	购买种子、农药、化肥、灌溉等费用(元)	连续变量
	未来5~10年子女(孙子、孙女)回农村可能性百分比	1.0　2.10　3.30　4.50　5.80　6.100	虚拟变量
农户经济特征	农业收入比重	农业收入占家庭全部收入的比例	连续变量
	退耕还林补助金	国家退耕还林政策收入(元)	连续变量
	种粮补贴	国家鼓励农民种地实施种粮现金补贴政策(元)	连续变量
	租地收入	租出耕地收入，租入耕地支出按照负值计算(万元)	连续变量
	家庭收入水平	年家庭总收入(万元)	连续变量

针对农户是否租入或租出耕地作为因变量，该变量为二值变量，即租入或不租入，租出或者不租出。常用的相关性分析、线性回归分析只针对连续因变量，故不适用。二元 Logistic 回归模型针对因变量为二值情况，使用自变量作为预测值，计算因变量发生概率，可用于解释租入或者租出耕地与其驱动因素间定量关系，故选用二元 Logistic 回归模型建立农户耕地流转模型以分析农户耕地流转决策行为。其公式为(Verburg et al.，2002)

$$\log\left(\frac{P}{1-P}\right)=\beta_0+\beta_1 X_1+\beta_2 X_2+\cdots+\beta_n X_n \tag{4.2}$$

式中，P 为农户选择租入或者租出耕地的概率，0 表示不选择租入或者租出，1 表示选择租入或者租出；X_i 表示制约农户租入或租出耕地各驱动因素；β_i 为各驱动因子的回归系数。

2. 耕地流转现状与特征

农户耕地流转行为包括无流入流出、单独流入、单独流出和流入流出皆有 4 种情况，流转动向包括无流入流出、流入、流出至分散农户和流出至企业承包的蔬菜种植基地(园区)4 种情况。千斤沟镇有 74.4%农户有耕地流转发生，且以耕地租出为主，占户数的 59.8%，耕地租入户数仅有 18.3%；而幸福乡仅有 13.7%农户具有耕地流转行为(表 4.4),耕地流转滞缓。

表 4.4　千斤沟镇和幸福乡耕地流转情况

乡镇	类别	行为	流转动向	样本户	比重/%
千斤沟镇	无流转	无流入流出	无	22	25.6
	有流转	单独流入	流入至农户	11	12.8
		单独流出	流出至园区	30	34.8
			流出至农户	15	17.4
		流入流出皆有	流入至农户	4	4.7
			流出至农户	4	4.7
幸福乡	无流转	无流入流出	无	69	86.3
	有流转	单独流入	流入至农户	5	6.3
		单独流出	流出至农户	4	5.0
		流入流出皆有	流入至农户	1	1.2
			流出至农户	1	1.2

　　千斤沟镇土地质量优于幸福乡[①],幸福乡土壤以沙壤土为主。幸福乡因耕地生产力较低,其他农户或者企业不愿租种影响了耕地流转规模。

　　千斤沟镇 49 户农户具有租出耕地行为,其中 30 户将耕地租给园区(即企业规范化蔬菜种植基地),10 户租给外来人员,9 户租给家人或者本地不同农户;15 户农户租入亲戚或者其他农户的耕地。企业规范化种植基地引进使千斤沟镇耕地流出规模显著扩大,有效地推动了耕地流转进程。幸福乡农户耕地流转行为很少,5 户农户将耕地租给本村农户或者外来人员;6 户农户租入亲戚或者其他农户的耕地。因缺乏企业种植基地及外来人员的入住,幸福乡具有耕地流转行为农户数较少。

　　基于以上分析,千斤沟镇耕地流出现象较明显,故建立以千斤沟镇为研究对象的耕地流出模型。因变量 Y 为农户是否具有租出耕地行为。若农户具有租出耕地行为,则因变量为 1;若不具有租出耕地行为,因变量为 0。利用 SPSS 二元 Logistic 回归分析,并利用相对工作特征(relative operating characteristic,ROC)曲线(Pontius and Schneider,2001)评价模型预测准确率。耕地租出 Logistic 模型对应系数 β_i 及 $\mathrm{Exp}(\beta_i)$ 值见表 4.5。

---

①太仆寺旗政府门户网站,2008.

表 4.5　千斤沟镇农户耕地流出模型参数列表

自变量	参数(B)	标准差(S.E)	Wald 统计量	Sig.	Exp(β_i)
户主年龄(X_1)	0.153	0.070	4.807	0.028	1.165
务农人员平均文化程度(X_2)	1.277	0.542	5.553	0.018	3.584
打工人数(X_3)	1.162	0.722	4.987	0.026	5.015
家庭耕地面积(X_4)	0.004	0.026	6.615	0.010	1.069
租地收入(X_5)	3.170	0.151	4.421	0.035	23.807
农业收入比重(X_6)	-0.033	0.014	5.474	0.019	0.967
家庭收入水平(X_7)	2.130	0.088	5.915	0.015	8.415
常量	-10.853	7.838	1.917	0.166	0.000

注：未列出的自变量没有通过95%显著性检验。

模拟结果表明，通过统计显著性检验($P<0.05$)的解释变量有 7 个(表 4.5)。检验模型拟合准确度 ROC 曲线下方面积达 0.96，远大于 0.5 判定标准，说明模型具有较好的预测能力。根据表 4.5 中自变量得到耕地流出具体模型如下：

$$\log\left(\frac{P}{1-P}\right) = -10.853 + 0.153X_1 + 1.277X_2 + 1.162X_3$$
$$+ 0.004X_4 + 3.17X_5 - 0.033X_6 + 2.13X_7 \tag{4.3}$$

3. 农户成员特征对耕地流出的影响

农户成员特征中选取户主年龄和务农人员平均文化程度作为自变量，从模型运行结果可以看出，两者对耕地流出均有显著影响。模型运行表明，户主年龄越大，农户租出耕地可能性越大；务农人员平均文化程度越高，农户租出耕地可能性越大。户主在家庭中具有决策权，支配家里主要经济活动导向。受访户主大多为年长者，年龄多大于 45 岁。如图 4.8(a)所示，随着年龄增大，户主因体力不支无法参与重体力农活，不得不放弃耕种进而租出耕地，农业劳动力随之数量减少，非劳动力数量增多；如图 4.8(b)所示，从事农业劳动力数量随着文化程度升高而减少。文化程度越高，农户谋求生计策略多元化方式越多，他们往往能较快掌握培训技能进而通过养殖业、外出打工等挣钱养家，故租出耕地意愿更强烈。

1)家庭资源配置

选取务农人数、打工人数、公顷均生产力、家庭耕地面积、劳均耕地面积、农机设备、农业生产投入和未来 5~10 年子女回农村可能性百分比共 8 个变量表征家庭情况，其中打工人数和家庭耕地面积对耕地流出有显著影响。一般来讲，家庭中打工人数越多，农户租出耕地可能性越大；家庭拥有耕地面积越大，农户租出耕地意愿越强烈。家庭中打工人数越多，经济来源越广，农户对耕地依赖性

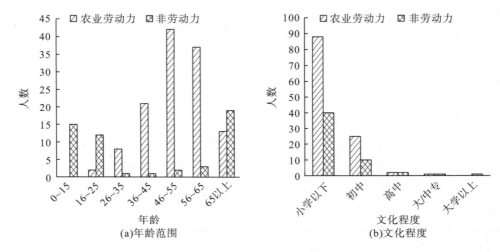

图 4.8 千斤沟镇各年龄范围和文化程度下农业劳动力和非劳动力分布

降低,选择租出耕地意愿随之增加;同样,因为耕地带来经济利益少(问卷中高达 63.4%农户耕种仅能满足自家食用而无法出售),家庭拥有耕地面积越多,农户对耕地依赖性越低,农户选择租出耕地可能性越强烈,模型结果均符合逻辑。问卷调研显示,千斤沟镇共 53 户农户愿意继续种地,但不愿多种地的户数达到 61 户。愿意种地户数所占比重较大,达到 64.6%,而不愿多种地的比例更多,高达 74.4%。数据说明农户虽然对耕地具有依赖性,但扩大耕地投资欲望较小。农耕在一定意义上成为谋生方式,而非提高家庭收入的主心骨。农户不愿在耕地上增加额外劳动力和支出,农户生计多元化已成为必然趋势。

    务农人数、公顷均生产力、劳均耕地面积、农机设备、农业生产投入和未来 5～10 年子女回农村可能性百分比共 6 个变量对耕地流出无显著影响。千斤沟镇主要作物类型有莜麦、胡麻、小麦、马铃薯、红麻、青玉米、大豆、蔬菜(西芹、紫甘蓝、菜花、大白菜)等。千斤沟镇 82 户农户中,共 63 户种植莜麦,47 户种植胡麻,28 户种植马铃薯,可以看出,莜麦、胡麻为该地区主要农作物。计算公顷均生产力时,以主要农作物莜麦为标准。经问卷调研,82 户农户中,有 30 户农户家拥有农机设备,其他农户通过租用设备收获庄稼。农户可以通过机械方式节省务农劳动力,所以务农人数、劳均耕地面积对农户是否选择租出耕地无影响。农机设备包括打草机、播种机、收割机、拖拉机和卡车,农机设备的有无并没有制约农户是否租出耕地行为,农户更多从经济利益角度考虑。农业生产成本投入指灌溉、种子、化肥和农药费用,模型运行结果表明,农业生产成本投入并没有制约农户租出耕地行为。问卷调研显示,未来 5～10 年千斤沟镇子女回农村可能性百分比小于 50%的农户数量达到总户数的 66%,子女回农村可能性百分比大于 50%的农户数量达到总户数的 34%,大部分子女外出打工将会持续较长一段时间。

模型运行结果表明,子女 5～10 年后是否回来对农户选择租出耕地行为无显著性相关关系。可见,子女是否回来参与务农并不影响因变量,也再次印证了务农人数多少并不影响农户租出耕地行为的结论。

2)农户经济特征

选取表征农户经济特征的变量:农业收入比重、退耕还林补助金、种粮补贴、租地收入和家庭收入水平作为自变量参与模型运算。其中,农业收入比重、租地收入和家庭收入水平对农户是否租出耕地显著性相关,其他变量则无显著性相关关系。家庭收入水平越高,农户租出耕地意愿越强烈;租地收入越高,农户租出耕地意愿越强烈;农业收入比重越高,农户租出耕地意愿越微弱。家庭收入水平包括种植收入、租地收入、退耕还林补助金、种粮补贴、养殖收入、工资或者家庭经营收入、子女等亲戚给予资助、养老保险金和低保金。模型运行结果符合逻辑。

退耕还林补助金和种粮补贴则对农户是否租出耕地无显著性相关关系。问卷调研显示,96.3%农户执行退耕还林政策,97.6%农户对退耕还林作用比较满意并支持退耕还林,认为补助高于原有收入水平,增加了家庭经济收入的同时也有利于生态保护。问卷还了解到,退耕区土地质量较差,加上退耕区监管比较严厉,农户不会在退耕区耕种。种粮补贴是国家为调动农民积极性,确保粮食生产稳定而对种粮农民实行的直接补贴政策。调查数据显示千斤沟镇农户种粮补贴标准为430.7 元/hm^2,而此标准对于农户是否租出耕地无显著性相关关系,说明该标准没有很好地调动农户耕种积极性,该结论可为国家调整种粮补贴政策提供一定参考价值。

4.4　模型构建与情景模拟

4.4.1　基于 ODD+D 协议的耕地利用变化模型描述

随着主体建模技术的发展,出现了越来越多的相关案例研究,但各个模型应用差别较大,使得对比研究难以执行。Grimm(2006)提出了 ODD(overview, design concepts, details)协议以标准化描述主体建模模型。在 2010 年,Grimm 等(2010)对 ODD 协议进行了改进,论文严格按照改进后的 ODD 协议标准对模型进行描述,以利于与其他科学工作者进行对比研究。2013 年 Müller 等提出了 ODD+D (overview, design concepts, details and human decision-making)协议。该协议强调了人类决策,并且包含了决策模型的经验和理论基础。

1. 概述

1）目的

（1）研究的目的是什么？模型用于模拟内蒙古农牧交错区农民生计策略调整对耕地利用变化的影响，以及耕地自然环境因素对农民耕地利用决策的影响。

农户耕地利用行为受自然-社会耦合系统的制约。农户耕地利用行为不仅受耕地生产力、道路可达性、气候变化等自然因素的影响，同时也受农户家庭结构（劳动力、年龄、职业等结构）、农户生计组成、农户自身心理素质、社会经济发展和国家政策等影响。模型用于模拟在内生因素和外生因素制约（退耕还林政策、种粮补贴政策、国家社保低保、经济社会发展宏观影响，具有异质性的地理环境影响，时空路径依赖机制影响，周围邻居效应影响，家庭结构影响）下，内蒙古农牧交错区农区具有异质性的农户耕地利用行为有哪些变化及如何变化（种不种？种多少？哪些耕地不种？种哪些耕地？），即种植与否决策、种植数量与种植位置选择决策。观察不同类型农户耕地利用行为在宏观层面上的涌现规律，包括耕地被租入、被租出、撂荒、农民数量变化、耕地聚集效应（耕地权属再分配）等，并设置不同的激励情景对千斤沟镇未来 30 年的耕地利用变化趋势进行预测。

（2）模型是为谁设计的？作为运行机理较强的模型，研究从农户生计角度剖析了农户生计和耕地利用关系，并通过劳动力资源配置指标将农户分为不同群组，旨在探索千斤沟镇区域兼顾农户生计稳定性和耕地利用可持续发展的管理策略，为区域管理者维护该区域社会-生态系统可持续发展提供决策支持。

2）实体，状态变量和尺度

（1）模型中包含多少实体？agents、空间单元、环境和集合（景观如何与空间动态性关联，建模基于现实空间环境。所有外生因子应列出来，以使读者知道因子是否受过程或其他变量影响？）。

实体：实体作为行为单元，与其他实体交互作用，区别于其他分离对象。模型包含栅格单元和 agents。空间栅格单元包括 LUCC、NPP、relief amplitude（地形起伏度）、accessibility of road network（道路可达性）和 slope（坡度）。agents 包含家庭成员个体实体、农户实体、农户 group 实体、政府实体，对应 PersonAgent、Household Agent、HouseholdGroupAgent、GovernmentAgent。其中，农户家庭成员个体 agent 与农户 agent 是一对多关系，一个农户家庭包括 1 个以上家庭成员；农户 agent 和农户 group agent 属于多对一关系，一个农户 agent 对应一个群组，反过来一个群组则包含多个农户；因宏观政策原因，模型中仅包含一个政府 agent。

（2）实体的属性（状态变量和参数）有哪些？状态变量：状态变量将不同类型的实体区别开来，并追踪实体变化轨迹。需要注明其单位，且具有常量和变量之分。状态变量是基础变量，不能由其他状态变量合成。研究列出主要状态变量见表 4.6～表 4.11。

表 4.6 栅格单元状态变量

状态变量	描述	状态变量	描述
coordinates	栅格单元 x 和 y 坐标	roadAccessibility	至主干道距离
landUseType	6 地类，包括耕地、林地、草地、水体、建筑用地和未利用地	slope	坡度
NPP	耕地净初级生产力，用该指标表示耕地生产力	reliefAmplitude	地形起伏度

耕地栅格是景观栅格的组成部分。由于其重要性，将其状态变量单独列出。

表 4.7 耕地栅格状态变量

状态变量	描述	状态变量	描述
classFarmland	将耕地按照其 NPP 值等间距划分为 4 份。Class 1 对应耕地 NPP 值 585~761gC/(m²·a)；Class 2 对应耕地 NPP 值 408~584gC/(m²·a)；Class 3 对应耕地 NPP 值 231~407gC/(m²·a)；Class 4 对应耕地 NPP 值 54~230gC/(m²·a)	yieldFarmland	耕地产量。不同耕地级别对应不同产量。Class 1：1500kg/hm²；Class 2：1125kg/hm²；Class 3：750kg/hm²；Class 4：375kg/hm²
rentalFarmland	耕地地租。不同级别耕地拥有不同地租价格。Class 1：600 元/hm²；Class 2：525 元/hm²；Class 3：450 元/hm²；Class 4：375 元/hm²	cellSize	96m×96m
I_{total}	自然因素综合影响因子		

表 4.8 个人 agent 状态变量

状态变量	描述	状态变量	描述
coordinates	个人的 x 和 y 坐标	farmingIncome	个人种地收入
age	个人年龄，范围为 0~100	maxAge	个人寿命（65~100 岁）
gender	个人性别（0：male；1：female）	workIncome	个人外出打工收入
education	个人教育状态（0：小学及以下；1：初中；2：高中；3：技校；4：大学及其以上）	occupationState	个人职业状态（S1：孩子或学生；S2：大学生；S3：农民；S4：打工者；S5：稳定工作者；S6：退休）

表 4.9 农户 agent 状态变量

状态变量	描述	状态变量	描述
amountofLand	各农户种植地块数量	selfFarmNumber	土地所有者种植地块数
amountofFamilyM	各农户拥有家庭成员数量	rentFarmNumber	各农户租入/租出地块数
individualAgent array	家庭成员数组	noFarmNumber	各农户撂荒地块数量
familyLand array	各农户种植耕地地块数组	farmerNumber	各农户中农民数量
parent	布尔变量。家庭中夫妻是否生孩子	outworkNumber	外出打工者数量
rentState	布尔变量。各地块是否被转租状态	oldersNumber	各家庭中老人数量
hireLandNumber	各农户租入地块数量	aggregationIndice	各农户种植地块聚集度
rentGained	租入地块总收入	averageLand	人均耕地面积

表 4.10　农户群体 agent 状态变量

状态变量	描述
groupType	农户群体的类型：补贴依赖型、纯农业型、农业兼业型、非农型和纯打工型
k	各农业劳动力最大种植能力

政府粮食补贴对农户生计和农户耕地利用模式具有较显著影响。千斤沟镇农户接受相同的国家政策。因此，模型中仅有 1 个政府 agent，且政府 agent 没有 x 和 y 坐标。

表 4.11　政府 agent 状态变量

状态变量	描述
subsidyGSP	每亩粮食直补金额
isGrain	政府是否执行粮食直补政策

(3) 模型的外生因子/驱动力有哪些？模型的外生因子包括国家粮食直补政策、环境因子(土地利用覆被、道路可达性、坡度、地形起伏度和 NPP)。

(4) 如果可行，空间信息如何包含在模型中？收集千斤沟镇现实的土地利用覆被、道路可达性、坡度、地形起伏度和 NPP 数据实现模型空间数据配置。通过坐标匹配，得到 farmland 处的土地利用覆被、道路可达性、坡度、地形起伏度和 NPP。

(5) 模型的时空分辨率和范围是什么？尺度：研究时空尺度，即时间单元、空间单元，模型研究空间范围。研究时间尺度是 30 年，模拟时长设置为 30 年的理由：我国耕地实行家庭联产承包责任制，30 年承包权不变。30 年内家庭成员能够经历相邻两代人(幼年到中青年，中青年到退休)状态转换。时空尺度：模型每一个时间步代表 1 年，每个地块对应 1 人。

据《中国 2010 年人口普查分乡、镇、街道资料》统计，千斤沟镇总人口数为 17500 人，总户数为 7592 户。而据千斤沟镇官网[①]统计显示，千斤沟镇耕地 24.33 万亩，则人均耕地面积为 0.927hm²，用 1 地块表示人均耕地，故研究将研究栅格单元从原始 100m×100m 分辨率重采样至 96m×96m 大小。从遥感数据角度统计(余强毅利用统计数据计算)，每个栅格单元为 100m×100m(即 1hm²)，千斤沟镇面积范围为 600.11km²。研究中耕地的栅格数量(即千斤沟镇 LUCC 数据中 value 为 1 的栅格数量)为 17056 个，遥感角度统计耕地面积为 25.58 万亩，与统计年鉴统计数据大致一致，又因遥感数据通常比统计数据大，因此以遥感数据解译结果为准。数据由 ArcGIS 软件处理，导出为 ASCII 文本格式输入 Java 开发环境中。

---

①http://qjgz.tpsq.gov.cn/ sfj_xgyw/sfj_zwgk/gc/200806/t20080626_266000.html.

由于千斤沟镇太大，为了展示区域耕地利用类型与其输入 Java 环境中相应 ASCII 文件情况，通过截取一小块区域表示(图 4.9)。

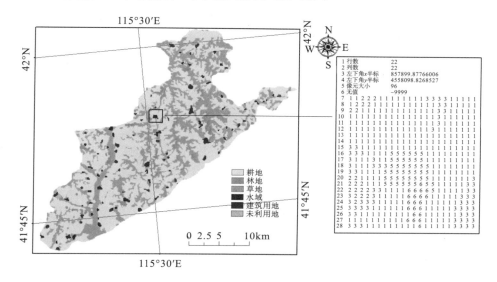

图 4.9　千斤沟镇 LUCC 地类与 ASCII 文件对应关系(裁剪区域以便于展示)
注：ASCII 文件中，1-耕地，2-林地，3-草地，4-水域，5-建筑用地，6-未利用地

3)过程概述和时刻表

实体做了什么？以什么顺序？状态变量什么时候更新？时间如何建模？作为离散步骤还是连续，还是持续过程和离散事件同时发生？

解释：做了什么是指模型的过程，以什么顺序是指执行的不同过程和过程执行的顺序。执行顺序的区别对模型输出具有较大影响。

图 4.10 介绍了模型概念框架。收集数据包括问卷数据、统计数据和空间地理数据。基于问卷数据、统计数据和遥感 LUCC 数据，设置 1 个耕地栅格单元(用 1 地块表示)对应 1 人种植耕地面积，由家庭成员数量确定一个农户拥有地块数。基于权重方法将 5 自然因子整合，并用地块 I_{total} 值表示。自此，实现了人类-自然耦合系统的科学表达。模型被分为个体状态转换子模型、农户分类子模型、空间环境配置子模型和农户耕地利用子模型。通过区别劳动力资源配置和农户生计组成，对农户进行分类。分别分析 5 类农户耕地利用行为(租入、租出或撂荒)，将该过程分解为确定转租耕地数量子过程和确定流转哪些地块子过程。引入农业劳动力种植上限计算耕地流转数量，将地块按照 I_{total} 值进行升序排序，流转值较低地块。最终实现对未来 30 年耕地利用状态、劳动力配置、耕地聚集度和 5 类农户数量未来 30 年变化趋势的模拟。

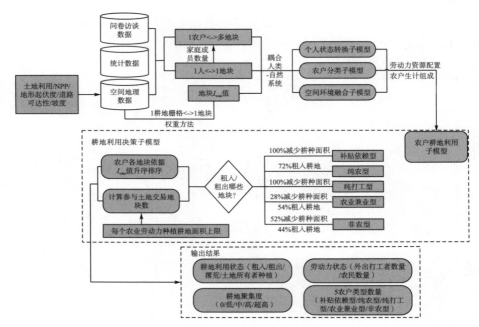

图 4.10　模型概念框架图

　　所有的农户 agent 随机地与不同空间地块关联起来，农户 agent 与空间地块是一对多关系，农户 agent 按其家庭成员的数量按照每人 0.927hm^2 计算家庭总的耕地面积。因耕地 NPP 值范围不同，模型按照高值 NPP 和低值 NPP 按比例对农户地块进行连续分配。模型起始阶段时农户 agent 的耕地所有权不变，但在以后的时刻可以发生耕地经营权的变更(即耕地流转，与中国当前土地流转现象一致)。在每个时间步长，时间的前进首先驱动个体尺度-家庭成员 agent 年龄的更新，执行个体状态变化子模型，确定每个家庭成员 agent 的职业类型；接着按照事先设定的规则，对农户执行分类子模块，并分析不同农户类型与耕地利用之间生产合作关系；最后，从农户尺度角度，执行土地利用决策子模型，即确定维持原种植规模、扩大种植规模(租入)、缩小种植规模(租出、撂荒)；从千斤沟镇尺度统计租入地块列表和租出地块列表并计算各个地块 I_{total} 值，对两列表地块进行排序，土地交易顺利时耕地被转租，反之则被撂荒；下一步计算农户收入(包括农业生产、打工、转租耕地和国家补贴)，并执行统计分析模块统计每个农户耕种面积(以统计土地权属再分配问题，耕地流向是否集中在少数人手中？)、耕地被利用状态(被种植、被租入、被租出、被撂荒)、非农收入比重等。

　　时刻表：在每个时间步长内，各个农户 agent 和个人 agent 执行先后顺序被打乱，故各个时间步长其执行先后顺序是不同的。模型为离散事件机制，按照制定的规则每个时间步长进行更新，遵循时间依赖机制，即农户后一时刻的行为受前一时刻行为的影响。

2. 概念设计

基于主体建模主要是通过行为主体在内生因素和外在因素制约下不断调整自身行为以适应变化的自组织适应复杂系统特点进行建模的。农户主体通过家庭成员主体与地块一一对应关系实现对耕地的经营权，而农户间具有相互学习、交流、更新作用关系，使得区域耕地利用变化模型具有动态反馈作用、自组织适应性、异质性和突发涌现性等特点。

agent 建模主要分为三大部分(图 4.11)，以一手调研数据为主，统计数据、遥感数据为辅，得到影响农户耕地利用行为变化的影响因素，在此基础上对农户分类(基于农户内部因素和自然环境因素)及提炼模型运行规则(基于农户自身因素、自然环境因素和社会经济因素)，最终得到农户耕地利用行为结果。而耕地利用行为结果同时反作用于农户内外部影响因素，使得驱动因素-决策过程-耕地利用行为-驱动因素形成一动态反馈的闭合环路。

由于数据的可获得性、可量化性和可操作性等限制，模型收集的驱动因素并没有涵盖所有可能影响因素，但包含了 14 个方面因素，尽可能地还原耕地利用变化系统的人类-自然耦合特点的真实面貌。模型中输入数据包括农户自身因素(农户年龄结构、农户劳动力结构和农户生计结构)、自然环境因素(高程、坡度、耕地生产力、道路可达性和地形起伏度)和社会经济因素(国家退耕还林还草政策、国家种粮补贴政策、经济社会发展、农户间作用和新技术推广)，模型收集驱动因子可以较为客观地表达农户时空异质性特征。尽管自然环境因素不受农户控制，

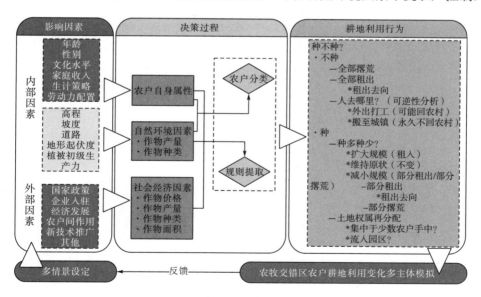

图 4.11　农牧交错区农户耕地利用变化多主体模拟概念框架

但其在农户决策过程中仍旧起到重要作用。如耕地生产力制约作物产量，道路可达性则制约了作物运输难易程度，地形起伏度对耕地降雨、灌溉产生影响，坡度则决定了耕地地表倾斜程度。通过一手问卷数据获取农户类型信息，对于总体容量中农户类型的划分通过 4.3.1 小节中介绍的决策树进行判别。尽管在模型中会出现相同的农户表现不同的耕地利用行为，而不同的农户表现出相同的耕地利用行为，为了便于表达农户决策多态性，研究用概率形式表示耕地利用规律。

1）理论和经验背景

（1）系统尺度或者子模型尺度下模型设计包含哪些基本概念、理论和假定前提？基本概念在大多应用中常被忽略。研究首次定义了耕地聚集度指标（farmland aggregation degree，FAD），利用各农户人均耕地种植面积表述家庭耕地面积变化趋势，具体公式详见 6.1 节。

假定：①模型运行期间，耕地没有开垦现象。农户仅在原有耕地地块上种植。②提取的模型规则在模型运行 30 年间保持不变，人均耕地面积、外出打工工资、莜麦价格、耕地 4 个等级相应的农作物产量和地租价格均不变。模拟 30 年内没新农户生成。③研究设置农户土地交易。土地交易是在千斤沟镇内部进行的，不受外来农民影响。研究用 I_{total} 值表示地块优劣程度。农户优先租出 I_{total} 值小的地块，优先租入 I_{total} 值大的地块。当流转耕地无人租入时，将会被撂荒。④设置农业劳动力种植上限，当单位农业劳动力种植地块数超过上限时，农户将减小种植规模。

（2）agents 决策基于哪些假设？农户决策基于假设：隶属于同一群组的农户具有相同的耕地利用行为，且在模型运行 30 年间，该规则不变。用调研数据分析现实社会个人和农户行为特征。利用概率方法获取模型运行机制，有助于高效描述整个千斤沟镇总体农户特征。数据以年为单元进行聚合。

（3）为什么选择某些决策模型？采用调研数据分析现实世界中个人和农户家庭特征；基于概率方法获取模型运行机制，该方法可以从全局角度有效描述 agents 特征。

（4）如果模型/子模型基于经验数据，这些数据从哪里获取？模型基于经验数据，该数据收集自当地一手问卷调研。

（5）这些数据在哪个聚合水平下是可以获取的？这些数据以年为单位进行聚合，模型可以获取研究时段中各年的数据。

2）个人决策

（1）决策的主体和客体有哪些？决策建模聚合在哪个水平？决策包括多个层级吗？4 种类型的 agents 用于建模耕地利用变化系统，即：个人 agent、农户 agent、农户群体 agent 和政府 agent。决策包含多个层级。政府 agent 决定国家种粮补贴，该决策影响农户生计结构。整个千斤沟镇执行相同的政府补贴政策。个人 agent 决定自身的工作状态，该决策影响农户生计策略和结构。农户 agent 决定自己的耕地利用行为，该决策直接改变其耕地利用状态。这些建模在每个栅格单元上执行。

（2）模型中主体决策的基本合理性是什么？在 4 种类型 agents 中，农户 agent 是模型运行基本单元，个人 agent 组成了农户 agent，是模型运行的最小单元。任意一个个人 agent 改变职业状态，其所属的农户 agent 的属性和行为都可能同时发生改变。基于农户的关键属性将农户划分为不同类型。不同群组的农户具有不同的耕地利用行为，而隶属于相同群组的农户具有相同的耕地利用行为。非农群组农户倾向于租出耕地，而纯农和兼农群组农户倾向于租入耕地。

（3）agents 如何制定决策？随着年龄的增加，个体 agent 根据事先设定的概率改变职业状态。所有家庭成员职业状态的改变驱动农户类型的变化。基于实地问卷调研，统计不同类型农户耕地利用行为变化规律。通过判断农户所属群组，可以得到农户耕地利用行为规律。

（4）agents 会调整自身行为以适应变化的内生和外生状态变量吗？如果是，如何调整？agents 根据变化的外生状态变量调整自身行为。变化的国家粮食补贴政策、经济社会发展、家庭成员职业结构和家庭生计成分等均会影响农户 agent 类型，进而影响农户耕地利用行为。

（5）社会规范和文化价值有没有在决策过程中起到作用？社会规范和文化价值没有在决策过程中扮演角色。

（6）空间在决策过程中起到作用了吗？空间在决策过程中起关键作用。通过当地问卷调研，发现农户评估耕地质量与 5 个空间因子相关（道路可达性、坡度、地形起伏度、NPP 和邻域耕地状态），空间异质性在模型中得以体现。用 I_{total} 指标表示地块优劣。当农户决定租入地块时，会优先选择 I_{total} 值高的流转地块；反之，农户会选择 I_{total} 值低的流转地块租出。

（7）时间在决策过程中起到作用了吗？时间在决策过程中起到了作用。个人 agent 随着年龄增长，便会改变自身的职业状态，他们的家庭生计结构也会相应变化。农户的类型和耕地利用行为也会同时发生变化。

（8）不确定性是如何包含在 agents 决策规则中的？模型包含不确定性。问卷调研数据包括 161 户农户和 714 口人，而千斤沟镇共有 7592 户农户 17500 口人。采用 Monte Carlo 方法基于样本数据表示整体数据，使得不确定性包含在模型中。

3）学习

（1）个人学习包含在决策过程中吗？随着时间前进，作为个人经验结果，个人如何改变他们的决策规则？个人学习包含在决策过程中。基于实地调研，得到个人职业状态随着年龄增长按照一定概率转换的规则。通过学习该经验规则，在模型运行阶段，当个体年龄达到某一年龄节点时，会按照设定的概率进行转换。

（2）集体学习包含在模型中吗？集体学习包含在模型中。基于经验统计分析，得到不同群组耕地利用行为规则。不同类型农户耕地利用行为同样基于经验值进行设置。判断农户所属类型后，其耕地利用行为会按照设定的概率规则变化。

4) 个体感知

(1) 个人被认为可以感知和考虑哪些内生和外生状态变量？感知过程是错误的吗？个人可以感知年龄、职业状态变化。感知的空间尺度包括全局的国家政策，也包括栅格尺度的地块状态。感知过程是正确的。

(2) 单个个体可以感知其他个体的什么状态变量？感知过程错误吗？地块的 4 个影响因子综合值通过农户 agents 感知设置权重值并进行综合。单个个体可以感知其他个体的状态变量。单个个体可以感知相邻地块的耕地利用和耕地权属概念。感知过程是正确的。

(3) 感知的空间尺度是什么？感知的空间尺度是栅格单元。在该尺度下地块状态可以被农户感知。通过农户 agent 的感知，得到 5 个自然因子的权重值，并且将这些自然因子整合为 1 个指标(I_{total})。

(4) agents 获取建模信息的机制是显式的吗？或者个人简单被认为知道这些变量吗？是显式的，其他变量被认为能够被 agents 感知。

(5) 认知成本和收集信息成本显示有没有显式包含在模型中？认知成本和收集信息成本显示没有包含在模型中。

5) 个体预测

(1) agents 用哪些数据预测未来条件？基于过去的农户家庭结构(年龄、职业和生计结构)数据判断农户所属群组，基于农户群组类别判断耕地利用行为特征，进而预测未来。耕地聚集度用来评估未来条件或者决策结果。将表面上看似行为迥异的农户抽象为不同类型以简化模型模拟机理，每个农户根据周围邻居行为和上年收入情况调整耕地生产策略，自组织适应生存环境变化以更好地生存。发现当前耕地利用模式及未来 30 年在不同情景下耕地利用可持续性，以探索兼顾耕地系统可持续性和农户生计稳定性的发展模式。

(2) agents 被假定用什么内部模型评估未来条件或者决策的后果？agents 用耕地聚集度(FAD)指标评估决策的未来变化情况。

(3) 在执行过程中 agents 可能是错误的吗？这些是如何被执行的?用概率方法和农户类型预测农户行为。该方法带来一定程度的随机性和不确定性，但从整个千斤沟镇来看，农户的行为是具有确定性的。

6) 交互

(1) agents 和 entities 间的交互是直接的还是间接的？农户 agents 和地块的交互是直接的。个体 agents 和地块的交互是非直接的，其只能通过所属的农户 agents 对地块实施交互行为。

(2) 交互依赖于什么？农户与地块之间的交互，取决于农户生计决策特征，以及其拥有的全部地块带来的经济效益。研究不存在交流和协作网络。

(3) 如果协作网络存在，它如何展示 agent 的行为？网络的结构是强加的还是自发涌现的？模拟中不存在协作网络。

7）共同行为

（1）个体组成或属于集群（影响或者被个体影响）吗？这些集群是由建模者强加的还是模拟中自发涌现的？研究中 individuals 是模型最小单位，由 individuals 组成的 household 是模型基本单位，individuals 以血缘关系和社会关系组成 households。根据农户关键指标将农户划分为不同群组（农业兼业型、非农型、纯打工型、纯农业型和补贴依赖型），相同群组农户具有相同耕地利用行为。农户是模拟中自发出现的，而农户群组这些 aggregations 属于建模者根据建模目的强加的。

（2）共同行为如何被展示？首先将农户划分为 5 个群组，接着确定 5 个群组的家庭结构（数量、年龄和职业结构）。由于 NPP 异质性，将高 NPP 和低 NPP 地块等比例地均匀分配给每个农户。通过计算家庭成员的数量，模型为每个农户分配了与成员数相等数量的地块。被同一农户种植的地块相邻分布。一定数量的相邻地块分配给某一农户。隶属于同一群组的农户在空间上没有明显聚集效应。

8）异质性

（1）agents 是异质的吗？如果是，agents 间哪些状态变量或者过程是不同的？个体 agents 和农户 agents 是异质的。个体 agents 间的职业状态变量不同，农户 agents 的耕地利用行为不同。

（2）agents 在决策过程中是异质的吗？如果是，在 agents 间哪些决策模型或者决策对象是不同的？在决策过程中，个体 agents 和农户 agents 是异质的。在决策过程中，个体 agents 的职业状态是不同的，农户 agents 的耕地利用行为也不同。

9）随机性

哪些过程是通过假定它们是随机或者部分随机进行建模的？调研样本数据确定不同类别农户之间比例关系，以及家庭成员结构特征。整个千斤沟镇农户由样本数据按照样本容量比例随机生成，同时能够保持总体农户与样本农户的一致性。所有农户家庭人口数与模拟空间中耕地栅格数量相等，但具体到每个农户的土地位置则由系统随机分配。农户 agents 的职业选择也是在模型制定的规则上添加了一定值域范围的随机数。因为主体建模是确定性与随机性的统一体，对不确定性具有一定的容纳能力，而随机数的使用是为了更贴近现实增加的。初始化过程中因缺少地籍数据，农户信息空间化时采取部分随机进行建模。将高 NPP 地块和低 NPP 地块等比例地分配给农户，地块数量等于农户家庭成员数量。随机选取相邻的地块分配给某农户。

10）观测指标

（1）哪些数据收集自 ABM，并用于测试、理解和分析 ABM？这些数据何时及如何被收集？耕地利用状态（种植、租入、租出、撂荒），不同 FAD 区间的农户数量（0 聚集度、低聚集度、中聚集度、高聚集度和超高聚集度）和不同群组农户数量基于 ABM 进行收集。这些数据在每年年末进行更新。

（2）模型的哪些关键结果、输出或者特征是从个人涌现出来的？统计了未来 30 年 5 类农户数量变化趋势，观察未来 30 年非农就业人员的变化趋势。通过统计不同耕地利用状态，观察未来 30 年转租和撂荒地块数量变化趋势，以及耕地系统可持续性是否受到威胁。统计了 5 个聚集度区间农户数量，观察未来 30 年耕地权属再分配变化趋势。

3. 计算化设计细节

1）执行细节

（1）模型是如何被执行的？基于 RepastJ 和 Eclipse 集成开发环境开发完成。

（2）模型是可获取的吗？如果可获取，从哪里获取？关于模型源代码获取方式，读者可以通过邮箱联系作者。

2）初始化

（1）模型模拟的初始状态是什么？即 $t=0$ 时刻模拟状态？模型初始化指模型运行空间初始化、模型输入参数初始化。模型运行初始时刻，农户 agents 和农户家庭成员 agents 状态变量初始化。尽管每个模拟起始时刻 agents 的初始化并不相同，但与样本调查的统计分布比例一致。模型运行初始时刻，因地块 NPP 值高低不同，初始化时等比例地将高低 NPP 地块分配给每个农户。

模型中的关键参数由一手问卷数据和经济社会统计年鉴确定。模型运行空间为千斤沟镇 600.11km² 的空间范围。据前述人均耕地面积为 0.927hm²（96m×96m），我国耕地实行家庭联产承包责任制，以人均耕地形式分配耕地到户，故研究栅格单元为人均耕地面积较合适，因此将土地利用图层的栅格单元重采样为 96m×96m。原始 LUCC 图层数据分辨率为 100m×100m，自 TM 影像监督分类解译而成。

为简化模型运算，暂不计打工类型和作物种植类型。根据问卷信息，假定打工者每人打工收入 1 万元/年，种植耕地收入则按 NPP 等级划分，即 NPP1 级种植产量为 100kg/亩，2 级为 75kg/亩，3 级为 50kg/亩，4 级为 25kg/亩。通过问卷调研发现当地莜麦价格为 2.49 元/kg，计算农业生产收入时用莜麦价格乘以耕地面积和耕地产量进行统计。假定每个家庭的人口数均在[2，7]内。

模型初始化时需要确定的输入数据主要包括家庭成员 agent 和农户 agent 的状态变量。将农户群体 agent 和家庭成员个体 agent 关联起来初始化是模型运行初始时刻的关键步骤。需要明确几种类型的农户人口结构的组成形式，如何用个体 agent 表示农户 agent 是初始化时的关键问题。即每户农户人口有哪些组成，人口结构特点有哪些。年龄和劳动力配置是制约农户类别的主要原因。补贴依赖型、纯农业型、农业兼业型、非农型农户和纯打工型比例为 8%、15%、25%、41% 和 11%。分别对 5 类农户按照人口数、年龄和可能职业组合进行再次分类。其中男女结婚年龄按照法定结婚年龄为准，即男性≥22 岁，女性≥20 岁。子女与父母年龄差在 20 岁以上，夫妻俩年龄差控制在 5 岁以内。其主要初始化步骤为：

①分别对 5 类农户的人口、年龄和职业状态进行初始化；

②根据统计年鉴统计人均耕地数量，通过遥感数据得到空间化耕地分布位置信息，并转化为模型中的栅格点数，1 人对应 1 地块；

③通过统计问卷中不同类别农户比例信息，得到总体容量中不同类型农户的数量；

④按照家庭人口总数和人均耕地数计算得到每个农户家庭拥有总的耕地面积，为每个农户连续分配相应数量的耕地地块；

⑤以上 4 个步骤完成农户 agents 和个体 agents 的初始化。

(2)初始化通常是一样的吗？模拟中初始化允许变化吗？初始化并非总是一样的。利用样本数据描述总体数据时采用 Monte Carolo 方法引入了不确定性，故每次初始化均会有小幅度变化。

(3)初始值选择是任意的还是基于客观数据？初始值基于实地调研数据、遥感数据和统计数据得到。

3)输入数据

模型利用的输入是利用外源(如数据文件或者其他模型)展示随时间变化的过程吗？模型没有用输入的外源数据展示随时间变化的过程。

模型中输入的自然环境数据包括 LUCC、坡度、NPP、道路可达性和地形起伏度。这些数据由外部数据文件提取，通过 ArcGIS 软件生成 ASCII 文件输入模型中。模型输入的农户和个体 agent 来自问卷调研数据。每个时间片农户耕地利用行为变化提取自问卷数据，用于展示模型变化过程。各个数据收集、预处理和计算工作详见 4.2 节。

4)子模型

(1)详细来讲，哪些子模型用于展示过程和时刻表机制？子模型主要包括 4 部分，即空间环境融合子模型、个体 agent 状态转换子模型、农户群体分类子模型和土地利用决策子模型。

(2)模型参数、模型维和参考值有哪些？模型主要包括一些重要的输入参数，见表 4.12。

表 4.12　模型主要输入参数及初始值列表

参数名称	意义	初始值	来源	变化规则
averageLand	人均耕地	$0.927hm^2$	问卷调查并结合统计数据	不变
maxDeathAge	个人寿命	65～100 岁	问卷调查	随机确定
numAgents	人口总数	17500	统计资料	不变

续表

参数名称	意义	初始值	来源	变化规则
FAD	各农户种植耕地聚集程度	1	问卷调研	随模型设置规则变化
个人状态转换子模型				
ageNode	个人改变职业状态的年龄节点	18，22，47，55，60，65	问卷调研	不变
概率	个人改变职业状态概率	0~100%	问卷调研	不变
农户分类子模型				
percentage	5类农户百分比	0.41，0.11，0.25，0.15，0.08	问卷调研	随模型设置规则变化
everEarned	人均外出打工收入	10000 元/a	问卷调查	1%~10%随机增长
subsidyGrain	种粮补贴	430.7 元/hm^2	问卷调查	随模型设置规则变化
cropPrice	莜麦价格	2.49 元/kg	问卷调查	不变
landYield	耕地产量	NPP1: 1500kg/hm^2 NPP2: 1125kg/hm^2 NPP3: 750kg/hm^2 NPP4: 375kg/hm^2	问卷调查并结合遥感数据	不变
rentPrice	地租价格	NPP1: 600 元/hm^2 NPP2: 525 元/hm^2 NPP3: 450 元/hm^2 NPP4: 375 元/hm^2	问卷调查并结合遥感数据	不变
空间环境配置子模型				
cellSize	栅格单元分辨率	96m×96m	遥感，问卷和统计数据	不变
weight	4 个自然因子的权重值	W_{npp}=0.4, W_{road}=0.2, W_{slope}=0.2, W_{relief}=0.2	问卷调查	不变
I_{total}	4 个自然因子综合指标	<0，1>，需要计算	遥感和问卷数据	不变
农户耕地利用子模型				
k	每个农业劳动力可以种植最多地块数	10	问卷调研	不变
numofTransfer-Plots	各农户流转地块数量	需要根据情况计算	问卷调研和进一步分析	随模型规则变化

（3）子模型如何设计或选择的？它们如何被参数化和测试的？研究包括 4 个子模型。所有子模型的设计和参数化过程如下进行详细描述。

（i）空间环境融合子模型

通过问卷分析发现，农户评价耕地受 NPP、地形起伏度、道路可达性、坡度和周围耕地利用状态(邻域效应)5 个指标制约，其计算公式为

$$I_{\text{total}} = I_{\text{npp}} \times W_{\text{npp}} + I_{\text{road}} \times W_{\text{road}} + I_{\text{slope}} \times W_{\text{slope}} + I_{\text{dxqfd}} \times W_{\text{dxqfd}} + I_{\text{neighbor}} \times W_{\text{neighbor}} \quad (4.4)$$

式中，W 为权重，$W_{\text{npp}} + W_{\text{road}} + W_{\text{slope}} + W_{\text{dxqfd}} + W_{\text{neighbor}} = 1$，$I_{\text{total}}$ 为 <0, 1> 间的函数。故需要把各 I 指标归一化为 <0, 1> 的函数。各权重值通过当地调研获取，模型中设置各权重值 W_{npp}、W_{road}、W_{slope}、W_{dxqfd} 和 W_{neighbor} 依次取值为：0.3、0.3、0.1、0.1 和 0.2。

各影响值的计算过程为：

A.　$I_{\text{npp}} = \text{NPP} / \text{NPP}_{\text{max}}$ \hfill (4.5)

B.　$I_{\text{road}} = 1 - \text{Road}_{\text{Dist}} / \text{Road}_{\text{Dist max}}$ \hfill (4.6)

C.　$I_{\text{slope}} = \begin{cases} 1, & \text{slope} \leqslant 5 \\ -0.02 \times \text{slope} + 1, & 5 < \text{slope} \leqslant 15 \\ 0.5, & 15 < \text{slope} \leqslant 20 \end{cases}$ \hfill (4.7)

关于坡度的分段函数依据来自《中华人民共和国森林法实施条例》中设定的标准，并结合当地问卷调研信息。

D.　$I_{\text{dxqfd}} = \begin{cases} 1, & \text{dxqfd} \leqslant 30 \\ -\text{dxqfd}/60 + 1.5, & 30 < \text{dxqfd} \leqslant 60 \\ 0.4, & 60 < \text{dxqfd} \leqslant 127 \end{cases}$ $(\text{dxqfd} \leqslant 30$ 时为平原$)$ \hfill (4.8)

地形起伏度的分段函数参照刘新华等 (2001) 列出标准并结合当地农户反馈信息。

E. 借鉴闫丹等 (2013) 的算法，从 8 个 Moore 邻居当前时刻的耕地利用状态进行判断，倾向于向邻近地块中出现频率较高的地类靠拢 (学习机制的体现)，

$$I_{\text{neighbor}} = \begin{cases} 0, & \dfrac{N_{\text{rentout}} + N_{\text{abandon}}}{N_{\text{farmland}}} \geqslant 75\% \\[2mm] 1, & \dfrac{N_{\text{rentout}} + N_{\text{abandon}}}{N_{\text{farmland}}} < 75\% \end{cases} \quad (4.9)$$

即：计算所有耕地中，不被农户种植的耕地所占的比例，若大于 75%，证明地块价值越低；反之，则证明地块价值越高。N_{rentout} 和 N_{abandon} 代表被租出和撂荒的地块总数。

综合以上 6 个公式，农户统计家庭拥有地块中 I_{total} 值较小者租出或者撂荒。

(ii) 个体 agent 状态转换子模型

个体 agent 状态转换子模型表示时间驱动下个体 agent 变化机理。具体过程详见 4.4.2 小节行为规则部分。

(iii) 农户群体分类子模型

农户群体分类子模型在上一时间步长结束后，通过统计家庭所有成员个体 agent 生计策略对农户所属群体重新分类，而此步骤中包含时间依赖效应，即个体 agent 状态受上一时刻状态的影响。农户群体分类见 4.3.1 小节中农户类型划分决

策树。每个时间步长结束后对农户所属群体进行判断进而执行土地利用决策行为。

(iv)土地利用决策子模型

土地利用决策子模型即农户耕地利用决策子模块。农户家庭 agent 通过判断自己所属类别对自身耕地利用行为进行决策，即种不种和种多种少问题。而关于种哪块耕地和不种哪块耕地的决策行为通过计算农户拥有耕地 I_{total} 值和待租入地块的 I_{total} 值，对农户拥有地块和待租入地块升序排序确定。

对于农户扩张和缩减耕种地块的决策中，模型对农户的各个地块及其他农户的地块计算 I_{total} 值(计算过程详见式(4.4))，通过计算 I_{total} 值较小者租出或者撂荒，而 I_{total} 较大者租入。农户在上一时间段选择租出耕地，在下一个时段被其他农户租入的，为被转租，反之没农户租入，则为撂荒状态。在这样一个封闭的环境下，农户间相应的租入、租出，达到相应的平衡状态。租入的过程分解，即为：计算待租出的栅格中哪些 I_{total} 值较高，作为下一时刻开始时租入耕地，若无人租，则耕地状态为撂荒。同理，租出的过程分解，判断耕地的哪些 I_{total} 值较低选择租出。

农户转租耕地的过程具体可以分解为两部分，即转租耕地数量的确定和转租哪些耕地的确定，因农户总是优先考虑转租地块 I_{total} 值较低者，故需要对耕地 I_{total} 值进行计算并且排序。设计 Land 地块属性时，将 I_{total} 值作为变量加入 Land 类，并计算农户拥有的每个地块的 I_{total} 值。农户租出耕地时根据农户种植能力上限与农户实际拥有耕地数量差值确定租出数量。对于出租成功的土地，其 rentout 属性设置为 true。农户租入耕地的过程与租出类似，可通过 4.4.2 小节模型运行规则辅助理解。

4.4.2　内蒙古农牧交错区耕地利用多主体建模的实现

1. 多主体模型设计

1)模型平台选择

Repast 平台相较其他平台具有更好的可扩展性和表现能力，本小节以此平台为基础搭建多主体模型。目前支持 Repast 的计算机语言包括 Python、Java 和 C++三种，因 Java 具有广泛的用户群，采用基于 Java 的 Repast 平台，在 Eclipse 集成开发环境下进行配置。

如图 4.12 所示，Repast 工具箱各按钮由 Model 类文件中相应函数触发运行。📂表示打开模型，⏭表示批量运行模型，▶表示单个运行模型，⏩表示单步运行模型，💫表示模型初始化(对应 begin 函数)，⏹表示停止模型运行，⏸表示中止模型运行，🔄表示截断并将仿真恢复到未初始化状态(对应 setup 函数)，💡表示显示配置参数窗口，✖表示关闭模型。`Tick Count`:用于统计并显示当前模型运行的时间片数，`Run: 1` 用于显示运行的模型实例个数。

图 4.12 Repast 工具箱

Repast 是预先制作好的编程元素集合，Repast3.0 版本含有 561 个类，45 个包，这些类封装在 18 个库中。表 4.13 列出 Repast3.0 主要类库。

表 4.13 Repast 平台主要类库及功能简介

类库名	功能
uchicago.src.sim.engine	主要负责建立、操作和驱动仿真过程。包括层次性的控制器，实现仿真程序的启动、暂停、步进、停止和重启。除此还包括建立离散事件调度机制，如 Schedule、Action 类等
uchicago.src.sim.analysis	主要负责收集、记录和用图表的方式描绘数据
uchicago.src.sim.gui	主要负责产生仿真过程的图形显示、图形显示的快照(Snapshot)和 QuickTime 格式的视频。包括与实现 Space 对象及其容纳的 Agent 的图形显示相关的类。除此之外，还包括实现探测 Agent 当前状态的类
uchicago.src.sim.parameter	主要负责定义参数空间和自动输入不同的参数集实现仿真
uchicago.src.sim.adaptation	主要包括实现遗传算法和神经网络算法的类
uchicago.src.sim.network	包括实现网络仿真的类，例如缺省的节点和边的类，各种特殊定义的可记录网络数据的记录类。除此之外，还包括 NetworkFactory 类用来从各种格式的文件中读取网络参数，产生具有"小世界"、随机密度和平方格子的网络
uchicago.src.sim.space	主要包括创建网格、圆环面等空间关系的类。所有 Agent 互相之间都有一定的空间关系，本类包主要包括实现这些空间关系的类
anl.repast.gis	主要提供地理信息系统的数据接口类，很多应用程序都采用了实际的地理数据，使用这些类可以导入 GIS 提供的地理数据
uchicago.src.sim.games	游戏库中包含了一些如囚徒问题等的程序
uchicago.src.sim.util	实用工具包，提供了一些产生表单，显示信息对话框等的常用静态方法

Rpeast 仿真流程主要包括 4 步，即：①定义各类型对象的属性和状态，包括 agent 个体和组织，以及 agent 所使用的表示不活动特点的对象，如食物等；②定义对象所处的环境；③定义 agent 的行为规则，agent、agent 间、agent 与环境间交互机制；④程序用户界面的设计，包括参数输入界面、仿真过程、输出图表和仿真控制面板等。

Repast 仿真包含两个典型的内部类机制(赵剑冬和林健，2007)，即时刻表机制和显示机制。时刻表机制由 BasicAction 的子类来封装。该类包含 execute() 抽象方法，它的所有子类必须实现该方法。动作的调度方式按照定义的每时间步长运行一次方式进行更新，为离散事件调度机制，相应原理如图 4.13 所示。在仿真运行时，调度器调用 Action 类重载的 execute 方法，而 execute 方法实际调用的是 Agent 的方法。Action 类作为仿真调度器与 Agent 类之间的解耦器，实际上 Agent 才是真正负责事件处理的对象。

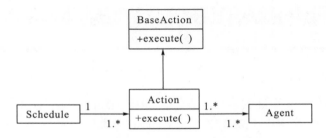

图 4.13　Repast 时刻表离散事件调度机制(姜昌华　等，2006)

　　Repast 仿真主要显示两类对象，agent 和环境。Agent 作为一种对象，其显示机制和环境显示机制截然不同，必须通过实现 Drawable 接口完成。环境界面的显示则通过三个类完成：Spaces 类、Displays 类和 DisplaySurface 类。仿真过程界面建立程序分为三步：首先，在 Model 类的 setup 方法中创建 DisplaySurface 对象；其次，在 BuildDisplay 方法中创建 Display 对象，将 Space 和 Agent 对象添加到 Display 对象中，然后将 Display 对象添加到 DisplaySurface 对象中；最后，调用 DisplaySurface 对象的 updatedisplay 方法进行更新。

　　如图 4.14 所示，模型输入的空间化图层(由左上至右下)包括坡度(取值范围：0°～20°)、耕地利用(1-耕地，2-林地，3-草地，4-水域，5-建筑用地，6-未利用地)、道路可达性(0～5040m)、地形起伏度(6～86m)和 NPP[54～761gC/(m²·a)]。

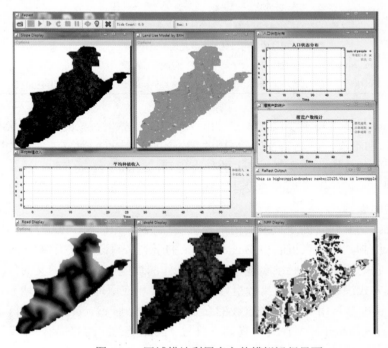

图 4.14　区域耕地利用多主体模拟运行界面

Repast 中一些重要概念：Repast 采用 get 和 set 反射机制对参数面板上的参数进行读写，变量设置为 private；在模型运行中，可以手动修改参数面板上的参数值，从而改变模型运行结果。模型中其他变量在声明时设置为 private，通过 get、set 方法进行读写，这可以保护变量不被外部程序直接访问。Repast 涉及的其他专业术语包括匿名类、类对象、类方法、内部类、接口、抽象类、构造函数、重载、多态等。

2) 模型代码结构

从建模角度来讲，Repast 仿真包括三个类：Model 类(用来运行模型本身，起到中枢作用)，Space 类(用来控制模型运行的空间环境)和 Agent 类(用来仿真模型运行的主体，最为活跃且最难确定的模型主角)。其中 Model 类是仿真程序的核心类。Model 类继承自 SimModelImpl 抽象类，其代码结构如下。

```
import uchicago.src.sim.engine.SimModelImpl；//导入 Repast jar 包，
以在此基础上进行二次开发
import uchicago.src.sim.engine.Schedule；
......
public class LandUseModel extends SimModelImpl [//定义 LandUseModel
继承 SimModelImpl 抽象类，必须实现该抽象类中的 setup()、getInitParam()、
getSchedule()、getName()和 begin()方法
private Schedule schedule；//变量定义，定义时刻表机制
private Space space；//变量定义，定义模型运行空间
private OpenSequenceGraph osg；//变量定义，定义模型输出序列图
private OpenHistogram ohg；//变量定义，定义模型输出直方图
  public void setup()[
   //将系统运行过程中创建的对象设置为 null，并销毁所有 Display Surfaces
对象、统计图表和动作序列表，创建时间表等。
  ]
  public void begin()[
   //用于准备模型的运行，初始化仿真器。分块为 buildDisplay()、
buildModel()和 buildSchedule()三个方法组织程序
    buildModel();
    buildSchedule();
    buildDisplay();
  ]
  public void buildModel()[
   //创建 agent 和 space，还可以包括数据收集对象(collection)
```

```
    ]
    public void buildSchedule()[
    //启动模型离散事件调度表
    ]
    public void buildDisplay()[
     //创建模拟过程图形界面，包括仿真过程图形界面，统计图表(序列图、柱状图和
块状图)
    ]
    public LandUseModel()[//构造函数
  ]
    public String** getInitParam()[
     //返回用户需要显示和通过界面调整的变量
String**initParams = [ "numAgents" ];
return initParams;
]
    public int getNumAgents()[//读取参数文件的参数值
    return numAgents;
    ]
    public void setNumAgents(int na)[ //设定 Repast 控制面板上参数文件
的参数值
     numAgents=na; //特殊的 get 和 set 反射机制对私有属性进行封装和读取
    ]
    public Schedule getSchedule()[//读取时刻表对象
      return schedule;
    ]
    public String getName()[//读取模型名字
      return "Land Use Model";
    ]
  public static void main(String** args) [//创建 Model 对象，开始运行。
    ]
  ]
```

　　构建模型框架主要函数有 setup()、begin()、step()、getInitParam()、buildModel()、buildDisplay()、buildSchedule()，其执行先后顺序为 setup()->begin()->buildModel()->buildSchedule()->buildDisplay()->step()。

3) 模型总框架

完整的 ABM/LUCC 模型通常由两部分组成，即代表地理环境的元胞单元和可以迁移、交流和决策的主体。土地利用变化正是由主体间、主体与环境间相互作用形成的(图 4.15)。元胞代表地理环境中离散且不可移动的空间实体，即土地利用、DEM、坡度、道路可达性、NPP；主体则用来表示空间环境中可移动的实体，主要包括家庭成员个体、农户、政府等。两部分刚好对应人地关系理论中的地和人两个基本要素。

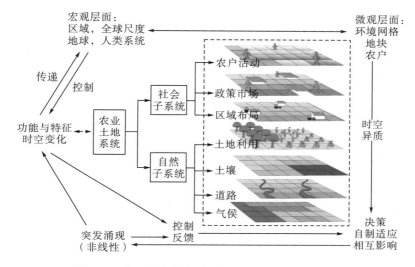

图 4.15　农业土地复杂系统概念模型(余强毅 等，2013)

模型总框架由三个主要模块构成，即 LandUseModel 模块、LandUseSpace 模块和 LandUseAgent 模块。其中，LandUseAgent 模块又分为多个子模块，如 PersonAgent 模块、HouseHoldAgent 模块、HouseHoldGroup 模块、GovernmentAgent 模块等。

LandUseModel 控制模块：Model 控制模块在耕地利用模拟平台中起着中枢的作用，其功能是实现所有 Agent 的活动、时间节点的控制、地图的显示和刷新、数据统计等。除此之外，一些涉及 Agent 相互作用的事件也需要在该模块中得到实现。为此，本模块不仅为 Agent 的数量和生产总量的统计进行了设计，而且还为实现 Agent 之间的交易过程、交易价格的估算，耕地地块 I_{total} 值计算、耕地租入租出交易及农户 agents 和个人 agents 初始化等提供了接口。

LandUseAgent 定义模块：Agent 是模型中最活跃但又最不容易确定的因素，也是模型中的主角。由于不同的研究内容要求 Agent 有不同的运行规则，因此在该类库中，主要实现了 Agent 的基本功能，如 Agent 的出生、死亡、移动等。利用 Agent 模拟现实社会中人的行为，不可避免地要赋予 agent 一些社会属性，包括职业、年龄、教育程度、社会交际等。除此之外，还须赋予经济属性，包括意愿分析、土地交易等。

LandUseSpace 设计模块：在仿真系统中，Agent 活动的空间一般是指按照定长和定宽划分的正方形单元格，而以 Agent 在单元格之间的位移或以其对所在单元格的作用来衡量 Agent 的状态。因此，Agent 的活动空间一般以栅格地图的形式出现。将土地利用类型、DEM、坡度、道路、NPP 等信息导入该模块，以使自然环境对耕地格局变动发挥作用；社会经济因素则按照"家庭成员-农户-地块"对应关系赋予每个地块处，以耦合栅格单元处人类-社会信息。此外，单元格点地形类型的获取、更新也得到了实现，而且还包括了单元格点上活动 Agent 的识别、获取和删除功能。总之，该模块基本提供了 Agent 活动空间所需要的各种功能。

2. 研究数据

千斤沟镇数据的收集与处理等基础工作对研究的准确度和精度起到至关重要的作用。通过对千斤沟镇的自然条件和社会经济条件详细分析，对千斤沟镇存在科研问题进行提炼和汇总。根据数据可获得性、可量化性和可操作性等原则，收集千斤沟镇自然因素(土地利用、气象、NPP、坡度、DEM、地形起伏度、道路等)和社会经济因素(问卷调研数据)，借助遥感数据、测站数据和统计年鉴数据等多个数据源，为人类-自然耦合的土地利用变化系统模拟研究提供数据支撑。

1)问卷数据

问卷数据是建模的核心数据，具体信息详见 4.2.2 小节介绍。

2)统计年鉴数据

问卷调研数据只能获取样本容量农户信息，而千斤沟镇一共有多少户农户数和人口数则需要统计数据的支持。通过《中国 2010 年人口普查分乡、镇、街道资料》年鉴可以查找到千斤沟镇总人口数为 17500 人，总户数为 7592 户。

遥感数据获取耕地面积往往与统计年鉴数据存在一定出入，一般而言，遥感数据因多判现象其值常大于统计数据，而统计数据则常出现遗漏少于实际数据，故需要综合统计年鉴和遥感数据提供的耕地面积进行对比校验。据千斤沟镇遥感数据统计耕地总面积为 25.58 万亩，而统计年鉴数据记载千斤沟镇耕地面积为 24.33 万亩。两数据大体一致，故研究采用遥感解译数据作为模型输入空间文件。

3)GIS 空间数据及其他数据

研究中用于描述区域地理特征的数据包括分辨率为 30m 的 DEM 数据(从地球系统科学数据共享平台下载)，以及由 DEM 数据派生的坡度数据(图 4.16)。道路数据从谷歌地球上矢量化得到，利用 ArcGIS 软件工具箱中 Spatial Analysis Tools

的 Euclidean Distance 命令生成反距离插值栅格文件，以描述耕地的道路可达性（图 4.17）。DEM、坡度和 NPP 数据用于表征地理空间异质性。NPP 数据能够直接反映植被群落在自然环境条件下的生产能力，用于表征陆地生态系统的质量状况。

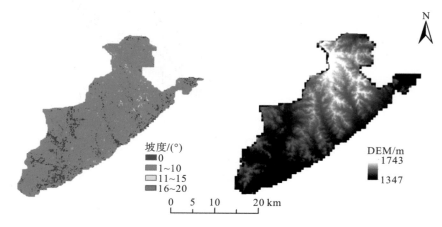

图 4.16　千斤沟镇 DEM 数据和由 DEM 派生的坡度数据

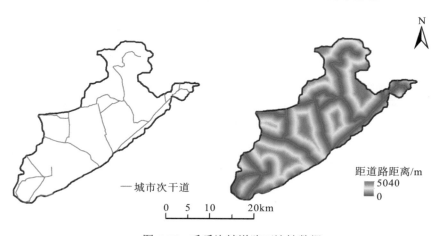

图 4.17　千斤沟镇道路可达性数据

　　地形起伏度指在一个特定区域内，最高点海拔与最低点海拔的差值，是用于描述一个区域地形特征的一个宏观性指标。从地形起伏度的定义可以看出，求地形起伏度的值，首先要求出一定范围内海拔的最大值和最小值，然后对其求差值即可。研究对 5×5 个栅格单元生成一个渔网，利用 ArcGIS 工具箱中 CreateFishnet 生成区域渔网网格，通过工具箱中 Zonal Statistics 直接计算 Range，统计高程差即为地形起伏度，如图 4.18 所示。

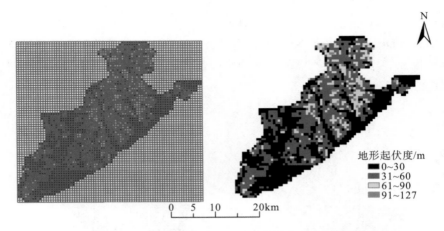

图 4.18　千斤沟镇制作渔网及分区统计生成相应地形起伏度

3. 主体属性、方法与行为规则

从面向对象的计算机角度对主体进行设计。面向对象设计思想中，各主体被分别封装为相应的类，利用属性和方法对各主体类进行描述。属性是对象的一种特性或对象行为的一个或几个方面，属性的取值决定了对象所有可能的状态；方法是对象可以执行的操作，方法描述了对象应该展现的外部服务之总和。按照应用目的对主体类的方法和属性进行设计从而为利用计算机语言模拟奠定基础。

一手问卷调研数据显示，不同农户类型其家庭结构（年龄和职业结构）也不相同（4.3 节），非农型农户、补贴依赖型农户和种植型农户的农业资本（化肥、杀虫剂、种子、灌溉等）投入也不相同。因家庭结构、生计结构和耕地资源禀赋等影响，农户土地利用决策也相应发生变化。农户由多个家庭成员个体组成，随着时间推进，家庭成员个体状态发生变化，进而驱动农户群体状态发生相应变化。家庭成员个体主体是研究中最小的单元，每个执行时间步长后家庭成员状态发生相应变化，农户也相应发生变化，故需要在每个时间步长结束后重新统计农户所属群体。因我国农村现行的土地所有权制度为家庭联产承包责任制，农户作为直接的土地利用最基本单位，故研究中农户作为基本单位输入模型。

研究共涉及 4 类主体，个体主体、农户主体、农户群体（分为 5 个群体：补贴依赖型、纯农业型、纯打工型、农业兼业型和非农型）和政府主体。以下分别介绍各主体类属性、方法和行为规则。

1）农户家庭成员个体

（1）属性和方法。农户家庭成员个体指组成农户主体的每个个体，即个体主体。个体主体包含的属性有：ID（编号）、x 坐标、y 坐标、年龄（1～100 岁）、性别（0=男，1=女）、教育程度（0=小学以下，1=初中，2=高中，3=大中专，4=大学及其以上）、职业状态（S1：儿童和学生；S2：大学生；S3：农民；S4：打工者；S5：稳定工作者；S6：退休老人）、寿命（65～100 岁）。模型中 1 个体对应 1 地块，故进行空间展示，有 x 和 y 坐标信息。个体主体的行为有出生、上学、种地、打工、稳定工作、退休和死亡等。基于 Java 针对封装属性特有的反射机制，个体主体包含对各属性的 get() 和 set() 方法机制以实现对变量读取和设置操作。为判断个体是否处于存活状态，定义 boolean 型 isDead() 方法。当该函数返回 True 时，表明个体已死亡，将从 PersonAgent 队列中删除，相应农户 agent 中也进行删除。图 4.19 用统一建模语言（unified modeling language，UML）的类图形式进行表述。

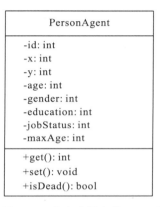

图 4.19　家庭成员个体 agent 类图

（2）行为规则。家庭成员个体 agent 作为模型最小单元，随着年龄增长，其职业状态相应发生变化（图 4.20）。通过实地调研发现，不同年龄段个体转变遵循一定规律，年龄达到某些节点阈值后，其状态会按照一定概率进行转换。

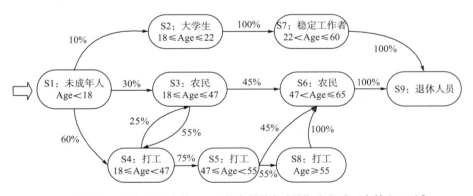

图 4.20　家庭成员个体 agent 状态转换机制［修改自潘理虎等（2010）］

注：18/22/47/55/65 为几个重要的年龄节点，概率值大小表示个人状态转换的概率

18 岁年龄为未成年人和成年人年龄节点，当个体 agent 年龄大于等于 18 岁后，10%转变为大学生，60%转变为外出打工者，30%从事农耕；22 岁年龄节点为大学

生毕业后状态，为简化模型，设定大学生在 22 岁后不再从事农耕或者兼职打工，100%变为稳定工作者；47 岁为一重要的年龄节点，外出打工者和农民在<18，47>岁年龄范围内两状态按照一定概率相互转换，55%农民转为务工者，而 25%务工者转为农民；在<47，55>岁年龄范围内的打工者有 45%的可能转变为农民；55 岁为外出打工者停止打工年龄节点，状态由打工转为务农；65 岁为退休年龄节点，个体 agent 到达此年龄节点后，农民不再务农，稳定工作者也将退休。详细描述个体 agent 状态转变机制如下：

①状态由未成年人转为大学生：年龄达到 18 岁，接受过高中教育，10%状态转为大学生；

②状态由未成年人转为打工者：年龄达到 18 岁，未接受过高中教育，按 30%概率转为打工者；

③状态由未成年人转为务农：年龄达到 18 岁，未接受过高中教育，按 60%概率转为从事农业生产者；

④状态由大学生转为稳定工作者：大学毕业后 100%成为稳定工作者(事业单位或国企员工、私企员工)；

⑤状态由打工者转为农业生产者：年龄在<18，47>岁间，由于自身条件或者社会经济环境的变化按 25%概率转为从事农业生产者；

⑥状态由农业生产者转为打工者：年龄在<18，47>岁间，由于自身条件或者社会经济环境的变化按 55%概率转为打工者；

⑦状态由农业生产者转为退休的老人：当年龄达到 65 岁以上时，100%转为被赡养的老人；

⑧状态由打工者转为农业生产者：当打工人员年龄达到 55 岁以上时，100%转为务农；

⑨状态由稳定工作者转为退休的老人：当年龄达到 65 岁以上时，100%转为被赡养的老人。

2) 农户

我国实行家庭联产承包责任制，农户是直接的基本的土地利用单位，故在主体建模中农户主体作为模拟基本单元。

(1)属性和方法。因农户属性较复杂，只列出具有代表性的农户主体的属性：ID、Itotal 值、耕地聚合度 aggregateDegree、家庭成员数组、耕地数组、主体类型、农业劳动力数量、租地数量、外出打工人数、退耕还林补贴、种粮补贴、租地收入、租地支出、打工收入、农业收入、耕地生产力、农业生产投入、土地生产力等。

农户主体的行为包括种不种、种多少、租入哪块耕地和不种哪块耕地，农户相应的耕地利用函数设置为：landRentIn()、landRentOut()、landAbandon()，计算地块 Itotal 值函数 computer_Itotal()，计算出租耕地数量 computeRentOnumber()，计算租入耕地数量 computeRentInumber()，计算农户收入 computeEarn()，待租入租出的地块 Itotal 值排序 sortLand()。关于农户主体类型初始化及其相应个体主体属性设置：初始化农户主体及将农户主体与家庭成员个体主体关联函数 initialize()、每个时间步结束后的农户类型判断 changeType()、新生儿出生 bornAgent()、家庭成员死亡 deadAgent()。时间变化驱动个体 agent 状态变化，家庭成员个体 agent 状态变化驱动农户 agent 类型变化，step() 函数表示农户在上一个时间步长结束后调整耕地利用行为。用 UML 类图表示农户 agent 类主要属性和方法，如图 4.21 所示。

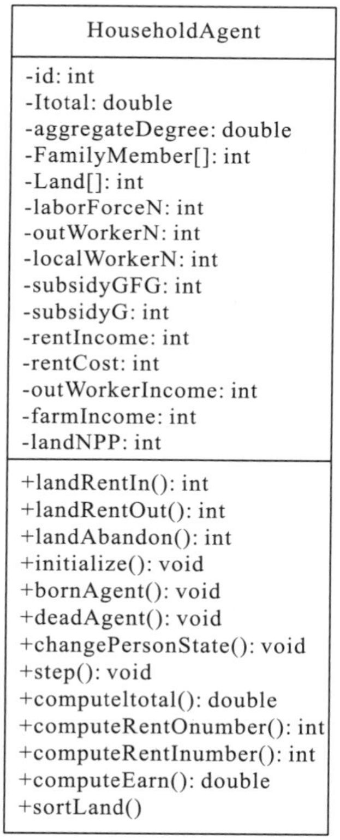

```
┌─────────────────────────────────┐
│         HouseholdAgent          │
├─────────────────────────────────┤
│ -id: int                        │
│ -Itotal: double                 │
│ -aggregateDegree: double        │
│ -FamilyMember[]: int            │
│ -Land[]: int                    │
│ -laborForceN: int               │
│ -outWorkerN: int                │
│ -localWorkerN: int              │
│ -subsidyGFG: int                │
│ -subsidyG: int                  │
│ -rentIncome: int                │
│ -rentCost: int                  │
│ -outWorkerIncome: int           │
│ -farmIncome: int                │
│ -landNPP: int                   │
├─────────────────────────────────┤
│ +landRentIn(): int              │
│ +landRentOut(): int             │
│ +landAbandon(): int             │
│ +initialize(): void             │
│ +bornAgent(): void              │
│ +deadAgent(): void              │
│ +changePersonState(): void      │
│ +step(): void                   │
│ +computeItotal(): double        │
│ +computeRentOnumber(): int      │
│ +computeRentInumber(): int      │
│ +computeEarn(): double          │
│ +sortLand()                     │
└─────────────────────────────────┘
```

图 4.21　农户 agent 类图

　　(2) 行为规则。农户 agents 由多个家庭成员——个体 agents 组成。农户 agents 的行为与决策受所有家庭成员行为与决策的影响。农户 agent 的 Schedule 时刻表机制是基于内部类完成的。主体内部类虽然破坏了类的基本结构，但其能够方便地访问外类中私有属性，使得代码结构简洁易懂。农户 agent 由个体 agent 组成，其状态转换通过个体 agent 状态转变驱动而成。农户 agents 作为模型研究的基本单位，其行为包括：家庭成员的增减(新生儿出生与成员死亡)、家庭成员抚养与赡养(老人赡养、未成年人教育等)、国家政策执行与否(退耕还林政策响应与否)、家庭生存决策选择(打工或种田劳动力资源配置)、耕地利用决策(扩张、缩减、维持原种植规模)。

农户家庭经济来源主要包括打工收入和种植收入,也包含土地租赁带来的租地收入、国家社保低保收入、相应国家退耕还林政策得到的退耕补贴、种粮补贴政策、养殖家畜的养殖收入及子女资助。

农户家庭收入计算公式为

$$I = \sum_{i=1}^{m} O_i + \sum_{j=1}^{n} A_j + W_1 + W_2 + W_3 \tag{4.10}$$

式中,I 为农户家庭总收入;O_i 为第 i 个外出打工的家庭成员 agent 的纯收入;A_j 为第 j 块土地的种植纯收入;W_1 为国家的退耕还林补贴和种粮补贴;W_2 为亲戚朋友的资助;W_3 为国家低保社保补贴;m 为家庭中外出打工劳动力总数;n 为家庭中务农劳动力总数。判断农户家庭收入占支配地位的收入来源,进而划分农户不同类型。

当农户家中有上学孩子需要学费、退休老人需要赡养时,中青年劳动力会倾向于外出打工。农户行为同时受上一年行为决策的制约(图 4.22),即时间路径依赖机制(Valbuena et al.,2010a)。农户在上一年执行过某种行为后,下一年执行相同行为的概率将会降低。

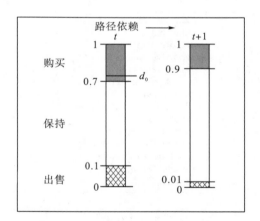

图 4.22　Valbuena(2010a)提出的 $t+1$ 时刻农户耕地利用行为受 t 时刻行为影响时间路径依赖机制

3)农户群体

(1)属性和方法。农户群体主体是将农户划分为不同群组后的主体。农户群体的属性是在农户的基础上,多了群体 ID 属性。农户群体具有的方法在原农户的基础上,多了类型判断函数 changeType()。用 UML 类图表示,如图 4.23 所示。

```
                    ┌─────────────────────────────────┐
                    │       HouseholdGroupAgent       │
                    ├─────────────────────────────────┤
                    │ -id: int                        │
                    │ -Itotal: double                 │
                    │ -aggregateDegree: double        │
                    │ -householdsSubsidy: string      │
                    │ -householdsPureFarm: string     │
                    │ -householdsPureWork: int        │
                    │ -householdsPartFarm: int        │
                    │ -householdsNonFarm: string      │
                    │ -FamilyMember[]: int            │
                    │ -Land[]: int                    │
                    │ -laborForceN: int               │
                    │ -outWorkerN: int                │
                    │ -localWorkerN: int              │
                    │ -subsidyGFG: int                │
                    │ -subsidyG: int                  │
                    │ -rentIncome: int                │
                    │ -rentCost: int                  │
                    │ -outWorkerIncome: int           │
                    │ -farmIncome: int                │
                    │ -landNPP: int                   │
                    ├─────────────────────────────────┤
                    │ +landRentIn(): int              │
                    │ +landRentOut(): int             │
                    │ +landAbandon(): int             │
                    │ +initialize(): void             │
                    │ +changeType(): void             │
                    │ +bornAgent(): void              │
                    │ +deadAgent(): void              │
                    │ +changePersosState()(): void    │
                    │ +step(): void                   │
                    │ +computeItotal(): double        │
                    │ +computeRentOnumber(): int      │
                    │ +computeRentInumber): int       │
                    │ +computeEarn(): double          │
                    │ +sortLand()                     │
                    └─────────────────────────────────┘
```

图 4.23　农户群体 agent 类图

　　问卷调研农户 161 户，据《中国 2010 年人口普查分乡、镇、街道资料》统计千斤沟镇农户总数为 7592 户。如何用有限的样本农户表征总体农户是需要解决的问题之一。潘理虎等(2010)通过分析样本中不同类型农户的比例，将此比例直接应用到整体农户中，该方法能够表示样本数据情况，却忽视了样本数据与总体数据间的不确定性。研究借鉴闫丹等(2013)、余强毅等(2013)做法，先确定样本数据中不同农户类型比例关系，再利用 Monte Carlo 方法设置随机数形式随机打点生成总体容量中不同类型农户情况，相应伪代码如下。

```
public void initialize(){
    double initial_popnumber = Math.random(); //确定家庭人口数量
    double initial_popcom=Math.random(); //确定家庭人口数后，各个可能组
合之间的比例
```

```
    getAgentType(); //获得农户类别
    // System.out.println(initial_rate);
    switch (AgentType) [// 按照自己设置的每个类型农户对应的家庭成员年龄、
职业结构组成进行初始化。利用monte carlo打点的方法产生随机数形式进行初始化
    //分为5类型，其中1-非农，2-农业兼业型，3-纯农业型，4-纯打工，5-补贴依赖。
各个类型对农业劳动力和非农劳动力的占用不同，具体分类方法见决策树，利用劳动力配置
带来相应收入结构的不同对农户类型进行划分
    case 1:  //bxh.初始化率为比例，在0～1。农户类型为1时为非农型
     if (initial_popnumber < 0.05) [// 5%的农户家庭人口=2
      family_number = 2; //家庭人口数为2，其组合
      if (initial_popcom<=0.5)[//50%的可能是1对年轻夫妻，男打工女务农
PA[0] = new PersonAgent(0);
PA[0].age = Uniform.staticNextIntFromTo(22, 25); //年轻夫妇
PA[0].education = Uniform.staticNextIntFromTo(0, 3);
PA[0].gender = 0; // 0=男;1=女，为男性
PA[0].status = 4; //打工 S1:  preschooler and student (age: 0～18),
S2:  undergraduate (age: 18～22), S3:  farmer, S4:  migrant worker,
S5:  retired and S6: urban resident
PA[1] = new PersonAgent(1);
PA[1].age = PA[0].age+Uniform.staticNextIntFromTo(-2, 3); //年轻
夫妇，女方年龄与男方年龄差在3岁以内
PA[1].education = Uniform.staticNextIntFromTo(0, 3);
PA[1].gender = 1; // 0=男;1=女，为男性
PA[1].status = 3;
     ]else if(initial_popcom>0.5)[//50%可能1老人1年轻成年男/女性(未
出嫁)，老人务农，年轻男性打工
......
```

　　5类农户群体具有不同的家庭职业、年龄和耕地资源结构，对应耕地利用行为
也不相同。

　　(2)行为规则。图 4.24 中展示农户群体耕地利用行为百分比数据统计自一手
问卷调研数据，用概率分析和决策树表示。

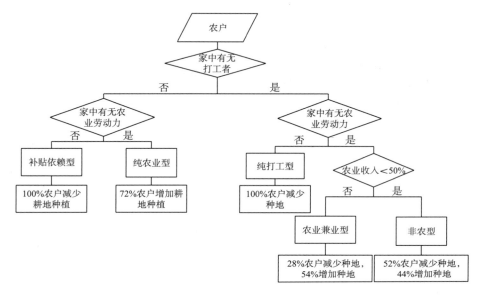

图 4.24　不同类型农户耕地利用行为决策树

4）政府

（1）属性和方法。政府主体指实施宏观政策的国家主体。因国家实施政策的宏观特征，千斤沟镇所有农户接受相同的国家政策，故用 1 个政府主体表示国家政策实施情况，因此政府主体不再赋予空间坐标信息。政府主体具有的属性包括种粮补贴标准 subsidyGrain、退耕还林补贴标准 subsidyGFG，boolean 型变量 isGFG、isGrain 表示国家是否实施退耕还林政策和种粮补贴政策。政府主体具有的方法包括 computeSubG()、computeSubGFG() 方法，用于计算两种补贴，用 UML 类图表示，如图 4.25 所示。

GovernmentAgent
-subsidyGrain: float -subsidyGFG: float -isGFG: boolean -isGrain: boolean
+computeSubG(): float +computeSubGFG(): float

图 4.25　政府 agent 类图

（2）行为规则。政府的行为规则为根据千斤沟镇特点调整种粮补贴金额标准和退耕还林补贴标准，以及是否建立耕地流转机制。

　　4. 模型运行机理规则制定

　　1) 模型模拟规则制定

　　第 3 章问卷分析用于对模型运行规则描述。ABM 作为运行机理较强的模型，主要分为 agent 状态转换机理、农户土地利用决策、土地交易过程等。通过分析一手问卷数据，研究获取了符合现实实际情况的模型运行机理。

　　农户耕地利用决策规则是什么？通过一手问卷调研了解到，农户耕地利用行为受农户自身结构、经济社会发展和自然环境因子等多因素驱动。通过判断农户所属类型判断农户耕地利用变化行为，通过农户种植能力上限确定其种植耕地的数量。由于农户机械化普遍存在，通过问卷了解到千斤沟镇纯农业型农户 1 个农业劳动力可以耕种 10 个家庭成员的地，即 10 个地块，当农户家庭中单位农业劳动力种植耕地数量超过 10 个地块，农户将流出耕地，当流出的地块无人租入时，该地块将被撂荒。因当地农户生产成本投入较少，故种植收入作为净收益参与模型运算。农户耕地流出和流入的量通过不同类型农户种植能力上限来确定(种多少不种多少问题)，而农户决定流入流出哪些地块则通过土地交易函数、地块 I_{total} 计算函数、地块排序函数来确定。结合 4.4.2 小节问卷分析不同类型农户耕地利用行为概率分布特点，针对 5 种类型农户相应耕地利用决策如下。

　　(1)补贴依赖型农户：100%租出耕地，依靠地租和种粮补贴、低保社保、退耕补贴等维持生计。

　　(2)纯农业型农户：判断"总地块数/农业劳动力数<10"，若成立则有 72%农户租入，反之则不租(即判断是否达到劳动力承受上限)，纯农业型农户没有租出行为。针对租入耕地量的计算则通过"10-总地块数/农业劳动力数"进行统计。

　　(3)农业兼业型农户：判断"总地块数/农业劳动力数<7"，若超过上限则租出直至小于极限值，反之则租入。54%农户增加种植规模，而 28%农户减少种植规模。耕地转租量也通过种植能力上限与实际耕地数差值确定。

　　(4)非农型农户：判断"总地块数/农业劳动力数<5"，若超过上限则租出直至小于极限值，反之则租入。44%农户增加种植规模，而 52%农户减少种植规模。耕地转租量也通过种植能力上限与实际耕地数差值确定。

　　(5)纯打工型农户：100%租出耕地。

　　当农户面临租出耕地选择时，除了补贴依赖型农户和纯打工型农户全部租出耕地，其他类型农户会在自家种植地块中选择相对较差的耕地租出。通过问卷分析发现，农户评价耕地受 NPP、地形起伏度、道路可达性、坡度和周围耕地利用状态(邻域效应)5 个指标制约，用 I_{total} 值表示 5 个指标综合影响。

　　2) 模型运行离散事件机制

　　图 4.26 用流程图表示模型离散事件运行机制，即：t 时刻结束后，随着家庭成员年龄增长 1 岁，家庭成员职业状态按照图 4.20 进行更新，更新后的农户类型

也因家庭成员的改变而改变，故需要根据图 4.24 对农户类型重新进行判断。根据农户类型与耕地利用的生产合作关系按照图 4.24 对其耕地利用决策进行判断(种植或租入或租出)。通过调用土地交易函数 trade() 判断土地交易是否顺利，按照式(4.4)计算地块 I_{total} 值，若土地交易顺利则耕地转租成功，反之则被撂荒。综上，计算农户家庭收入(农业生产、打工和转租耕地收入，国家补贴(包括退耕还林补贴和种粮补贴))，同时对耕地利用状态进行空间展示，由此 $t+1$ 时刻离散事件调度机制完成，进入下一个时间片离散事件更新。

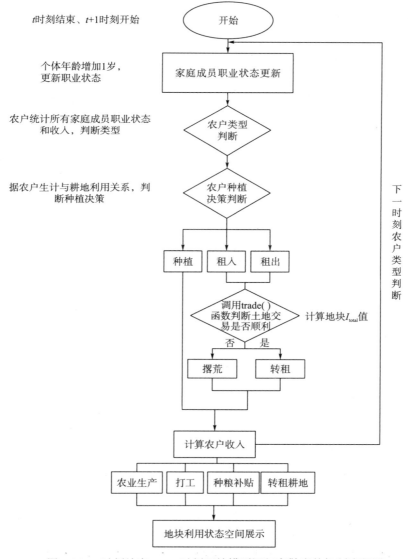

图 4.26　t 时刻结束、$t+1$ 时刻开始模型运行离散事件机制流程图

5. 模型实现技术细节

1)模型计算化设计

模型计算化设计对应 ODD 协议中 Details 部分。Smajgl A(Smajgl et al.,2011)总结了主体建模过程中常涉及的参数化方法，如图 4.27 和表 4.14 所示。

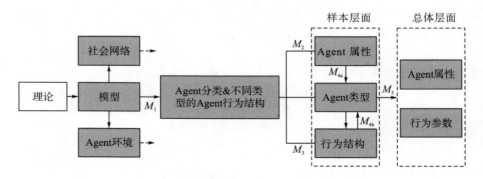

图 4.27　ABM 参数化框架[引自(Smajgl et al.，2011)]

表 4.14　人类 agents 行为特征参数化相关方法概述[改编自(Smajgl et al.，2011)]

M_1	M_2	M_3	M_{4a}	M_{4b}	M_5
专家知识	社会调查*	社会调查*	聚类*和回归分析	聚类*和回归分析	分层人口普查*/基于 GIS 的分配
参与式观测	人口普查*(包括 GIS 数据)	问卷访谈*	相关性分析和专家知识*	相关性和专家知识*	Monte Carlo 方法*
实验室实验		野外试验	密度法制图	参与式观测	概率方法*
问卷访谈*		参与式观察	决策树分析*		
角色扮演		角色扮演			
		时间序列数据*			
		专家知识*			

注：上角标标注*为本模型研究中用到的方法。

模型通过问卷访谈数据实现了对农户 agent 的分类及对不同 agent 行为结构的分析，调研是通过分层结构式样本抽查完成的，通过遥感时间序列数据发现农户耕地利用行为的变化现象。从 agent 属性抽象对 agent 完成分类则通过聚类分析、专家知识和决策树分析，将农户行为租出与 agent 类别联系起来则通过聚类分析和专家知识完成。由样本数据延伸至总体数据过程是通过分层的人口普查及 Monte Carlo 方法和概率法方法实现的。

2)模型 UML 描述

为了从全局描述模型结构和各个类文件间关系，便于更加清晰地理解模型组织结构，利用 UML 类图描述各个类间关联关系（图 4.28）。模型中 LandUseModel 与 LandUseSpace 是一对一关联关系，与 GovernmentAgent 是一对一关联关系，与 HouseholdAgent 是一对多关系；HouseholdAgent 与 PersonAgent 是一对多关系，与 LandUseSpace 是多对一关系，与 Land 是一对多关系；PersonAgent 与 Land 是一对一关系。

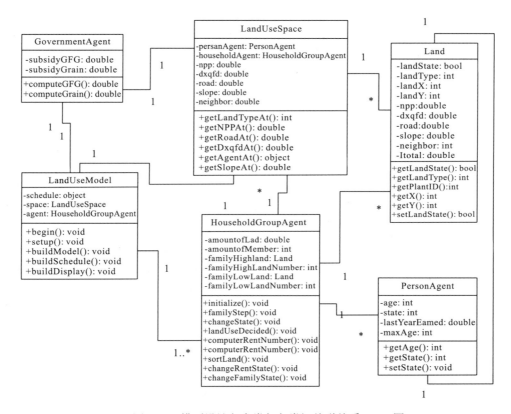

图 4.28　模型设计各个类与各类间关联关系 UML 图

图 4.29 为利用 UML 时序图描述模型运行第一个时间片主要函数执行顺序，因篇幅限制，诸如耕地排序、土地交易、收入计算等函数不再列出。模型启动时首先调用 buildModel()函数，实现对农户 agent 的初始化，而农户 agent 通过其构造函数调用 initialize()函数实现个体 agents 属性的初始化，调用 addGovAgent 实现对国家主体的初始化。模型接着调用 buildDisplay()函数实现对 LandUseSpace 的初始化，将空间化图层信息进行展示，同时调用 updateDisplay()函数对空间进行更新。最后模型调用 buildSchedule()函数启动模型运行的第一个时间片。模型的时刻表基于离散事件调度机制，继承 BasicAction 抽象类且由内部类形式组织，调用 holdAgentStep()函数实现对农户状态的更新，而农户调用 personAgentStep()

实现对个体状态的更新。个体状态更新是通过回调 changeStatus（）函数完成的，农户 agent 的状态更新则是通过回调 changeAgentType（）函数来完成的。

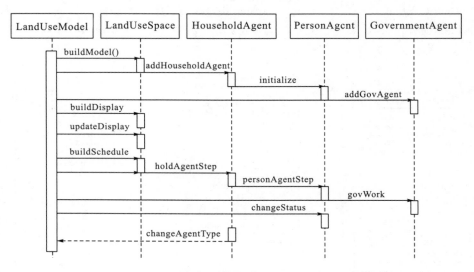

图 4.29　模型运行初始时刻第一个时间片时序图

可以看出，整个模型的运行始终由 LandUseModel 对象掌控和调度的，LandUseModel 对象始终处于活动状态。

4.5　模拟结果分析

4.5.1　模型输出变量简介

千斤沟镇耕地系统动态变化与其所处自然环境和社会经济环境相关，具体来讲与农户家庭劳动力资源配置结构、耕地 NPP 生产力、经济社会发展、道路可达性、邻域效应、地势坡度和地形起伏度等因素相关。如何去表示模型输入结果以展示农户耕地利用行为变化特点呢？综上所述在模型结果输出中，从以下几个方面进行展示。

（1）耕地利用和耕地权属状态：空间图和统计图两种视角展示耕地利用状态，即被原农户种植、转租给其他农户还是撂荒，从一种新的角度分析耕地权属再分配问题。耕地大多不被农户自身耕种时，意味着农民与耕地利用的人地依存关系键断裂，耕地系统可持续性和农户生计稳定性相应受到威胁。

（2）耕地聚集度：模型运行初期没有发生耕地权属变化，1 家庭成员对应 1 地块。随着耕地利用变化(转租和撂荒)，家庭拥有耕地面积发生变化，定义"耕地

聚集度"指标，表示被农户种植的耕地聚集的程度。该指标以农户为单位，统计人均耕地面积变化趋势，其计算公式为

$$FAD = \frac{AREA_{household}}{N_{member} \times AREA_{individual\_0}} \tag{4.11}$$

其中：FAD（farmland aggregation degree）为耕地聚集度；$AREA_{household}$ 为每个农户种植耕地面积；N_{member} 为每个农户家庭成员数量；$AREA_{individual\_0}$ 为在模型运行起始年份，国家分配给个人的耕地面积，即 $0.9hm^2$。

若 FAD>1，表示农户处于扩大种植规模状态；若 0<FAD<1，表示农户处于缩小种植规模。用二维时序图形式展示运行每个时间步长后各个农户耕地聚集度值，同时用空间图展示分布地理位置，以反映耕地适度规模经营状态和耕地利用权属再分配状态。

（3）农户数量：分析不同类型农户数量变化时序图，打工者与农民数量变化时序图。

为了更好地展示模型对比模拟结果，研究将基准情景和激励情景放在一起展示。

4.5.2　输出结果分析

1. 耕地利用状态和人口状态分布

图 4.30 和图 4.31 分别从空间和统计角度展示了未来 30 年耕地地块利用状态变化特征。图 4.30 展示了第 1、15 和 30 个时间片耕地利用状态。图 4.31 统计了 30 个时间步长内不同耕地利用状态下地块数量变化特征。在 $t=1$ 时刻，71.99% 的耕地被土地所有者耕种，分别有 8.84% 和 19.17% 耕地被撂荒和转租。但随着时间步长前进，耕地经营权逐渐发生转变，出现越来越多的耕地被转租和撂荒。在 $t=20$ 时刻耕地地块转租数量（占总地块数的 26.00%）达到上限，在之后的时刻出现了缓慢下降趋势。耕地撂荒地块数量在 $t=1$ 至 $t=21$ 时间段内呈现缓慢上升趋势，由 $t=1$ 时刻的 8.84% 上升至 $t=21$ 时刻的 12.22%，在之后的 8 个时间步长则呈现快速上升甚至超过租出地块数（在 $t=29$ 时刻，23.49% 耕地被撂荒）。耕地撂荒危及粮食生产可持续性和农户生计稳定性发展，故需要采取合理措施改善当前耕地撂荒状态。

图 4.32 描述了模型运行 30 个时间步长内打工者、农民和人口总数变化时序图。当前状态下打工者数量在 $t=1$ 至 $t=19$ 时间段内呈现直线上升，在 $t=20$ 至 $t=25$ 时间段内呈现加速上升趋势，而在 $t=26$ 至 $t=30$ 时间段呈现稳定状态。而农民数量则在 $t=1$ 至 $t=19$ 时间段内呈现直线下降趋势，在 $t=20$ 至 $t=30$ 时间步长内下降直至稳定。由于模型中考虑了新生儿出生和老人死亡子模型，整个地区人口总数在前 5 年呈现缓慢增加直至稳定趋势。通过 4.4 节分析得知，劳动力资源配置（打

工者和农民)与耕地利用状态具有紧密联系,改变耕地利用现状需要从减少打工者
数量增加农民数开始。

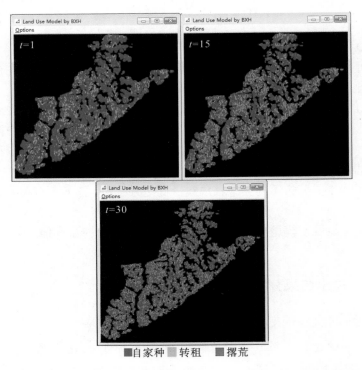

图 4.30　模型运行第 1、15 和 30 个时间片耕地种植状态空间分布图

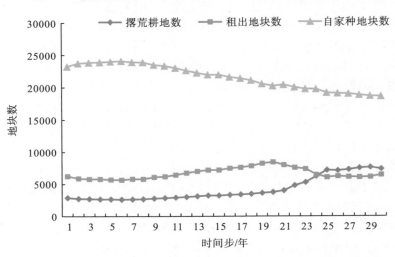

图 4.31　模型运行 30 个时间步长内耕地地块利用状态统计时序图

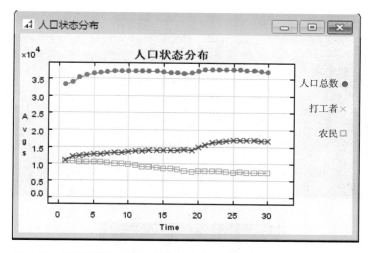

图 4.32　模型运行 30 个时间步长内打工者、农民和人口总数变化时序图

2. 耕地聚集度

耕地聚集度用于描述农户种植耕地的聚集程度。设置 0 聚集度（"聚集度=0"）、低聚集度（"0<聚集度≤1"）、中聚集度（"1<聚集度≤3"）、高聚集度（"3<聚集度≤6"）和超高聚集度（"聚集度>6"）共 5 个区间，"聚集度=0"表示耕地全部租出或撂荒，"0<聚集度≤1"表示农户种植耕地但出租或撂荒了部分耕地使得种植规模有所缩减，"1<聚集度≤3"、"3<聚集度≤6"和"聚集度>6"表示农户扩大种植规模的三个等级。图 4.33 展示了模型运行第 1、15 和 30 个时间片耕地 5 种聚集度的空间分布。

图 4.34 利用统计图展示了 5 种聚集度对应的农户数变化时序图。在 $t=1$ 时刻，63.95%农户拥有低聚集度耕地（以下简称低聚集度农户），表明大多数耕地被土地所有者种植，29.03%农户耕地处于 0 聚集度状态，表明当地不种植耕地的农户位居第二，中聚集度、高聚集度和超高聚集度农户仅有 3.46%、2.72%和 0.84%。随着时间推进，耕地权属再分配现象愈加明显，拥有低聚集度农户数逐渐下降，而拥有 0 聚集度农户逐渐上升并在 $t=16$ 时刻超过了低聚集度农户数量，中聚集度农户数量则呈现增加趋势，由 $t=1$ 时刻的 3.46%增加至 $t=30$ 时刻的 15.18%。高聚集度和超高聚集度农户占较少比例且基本没有变化。

0 聚集度农户的逐渐上升表示不再种植耕地的农户数显著增长，农户与耕地间人地依存关系键断裂，农户生计稳定性受到威胁；低聚集度农户的显著下降且在 $t=16$ 时刻后低于 0 聚集度农户表明农户维持原种植规模或缩减种植规模的数量越来越少，未来 16 年后千斤沟镇 0 聚集度耕地地块占主导地位；较少数量的高聚集度和超高聚集度农户表明耕地集中流入少数农户手中的现象并不明显，千斤沟镇耕地规模经营得到了良好的保持。

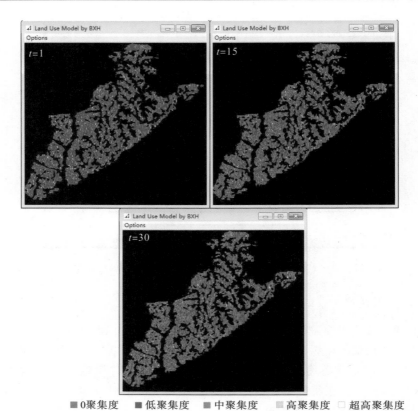

■ 0聚集度   ■ 低聚集度   ■ 中聚集度   ■ 高聚集度   □ 超高聚集度

图 4.33   模型运行第 1、15 和 30 个时间片耕地聚集度空间分布图

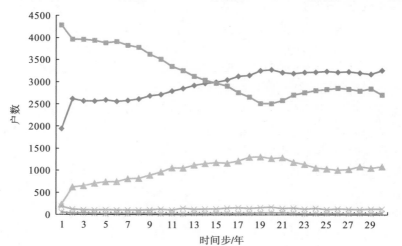

图 4.34   不同聚集度区间农户数分布时序图

3. 不同类型农户数量分布

由一手问卷分析得到，非农型、农业兼业型、纯农业型、纯打工型和补贴依赖型农户数量的比例为 41%、25%、15%、11%和 8%。将样本数据农户信息由 Monte Carlo 方法生成整个千斤沟镇总体农户信息。模型在 t=1 时刻各类型农户数量比例大致与样本数据农户比例信息一致。图 4.35 展示了未来 30 年千斤沟镇不同类型农户数量变化时序图，可以看出非农型农户呈现上升趋势，由 t=1 时刻的 2824 户上升至 t=30 时刻的 4210 户；农业兼业型农户的趋势则刚好相反，由 t=1 时刻的 1761 户下降至 t=30 时刻的 413 户；纯农业型农户呈现缓慢下降趋势，由 t=1 时刻的 1044 户下降至 t=30 时刻的 237 户；纯打工型农户呈现近似直线上升趋势，由 t=1 时刻的 860 户上升至 t=30 时刻的 2297 户；补贴依赖型农户整体呈现下降趋势，由 t=1 时刻的 1001 户下降至 t=30 时刻的 332 户。非农型农户和纯打工型农户的显著增加，农业型农户和纯农业型农户的减少表明当地农户非农化现象的愈加显著。而纯打工型农户数量快速上升表明人地依存关系键断裂，该类农户生计稳定性受到威胁。

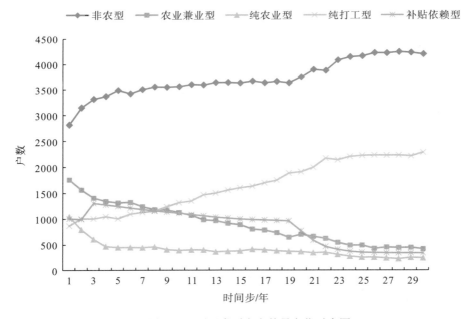

图 4.35　不同类型农户数量变化时序图

4.5.3　情景对比分析

情景分析是在对过去历史进行回顾分析的基础上，对未来发展前景进行构想，提供详细、逻辑一致的情景方案（周锐 等，2011；吴晓青 等，2009；He et al.，

2004)。土地利用情景设定的重点是凸显区域发展在不同态势下土地利用的变化情况。设定情景分析的目的是与基准情景进行对比，以改善当前耕地利用模式。减少耕地撂荒数量可以有效维持耕地系统可持续性，维持农民与耕地间的人地依存关系。所以激励情景的设置旨在让土地所有者种植耕地，并尽可能地减少耕地撂荒的数量。

国家在千斤沟镇实施一系列措施，包括退耕还林还草措施和种粮补贴措施等。退耕还林还草措施的实施是为了保护生态脆弱区生态环境，而种粮补贴政策则是为了调动农民种地的积极性。经济社会的迅速发展使得农业劳动力出现析出至大城市的快速转移过程，劳动力资源配置变化较为明显。耕地资源同时承受着粮食生产、生态保护和城镇化发展对土地需求的巨大压力。

通过问卷了解到，千斤沟镇农户响应国家退耕还林还草生态保护措施积极性较高，96.3%农户执行退耕还林还草政策，97.6%农户对退耕还林作用比较满意并愿意继续支持退耕还林，且认为补助高于原有种植收入水平，增加了家庭经济收入的同时也有利于生态保护。因退耕区监管比较严厉，农户不会在退耕区耕种。加上退耕区多为沙壤地，其耕地生产力较低，故当地农户对国家退耕还林补贴的提高并不敏感。

而种粮补贴的情景则与退耕还林补贴不同。种粮补贴政策的实施旨在调动农民种地积极性，通过现金直补形式改变农民耕种意愿。通过实地访谈发现，种粮补贴金额发放给土地所有者而非经营者。土地流转使得土地所有权和土地经营权实现了分离，故种粮补贴的提高与否对土地流转并不敏感，但对土地撂荒起到显著作用。

此部分将对情景模拟分析结果进行展示，以与基准情景进行对比进而改善当前耕地利用模式。

1. 国家种粮补贴标准提高

种粮补贴调动农民积极性则能够通过提高补贴金额的形式改变农民耕种意愿，进而使农户撂荒耕地的概率变小(不会改变流转现象，因为种粮补贴给土地所有者而非土地经营者)。设定增加农户种粮补贴金额，进而增加农业收入形式改变耕地撂荒数量的情景。原来1亩地有28.71元种粮补贴，设置增加为50/80/100元每亩几个标准，询问农户撂荒耕地意愿(图4.36)。

通过询问农户意愿得到种粮补贴提高后耕地撂荒可能情况(图 4.37(b)和图 4.37(c))。

基准情景下在 $t=25$ 时刻后，耕地撂荒数量超过耕地流转数量，耕地撂荒数量的增加势必影响粮食生产可持续性和农户生计的稳定性(图4.37(a))。通过提高种粮补贴标准至 50 元/(亩·年)，耕地撂荒的数量显著下降，在 $t=30$ 时刻由之前的6387 地块下降至 3193 地块，与此同时自家种植地块数与基准情景相比增加趋势明显，耕地流转数量也呈现增加趋势但幅度较小。

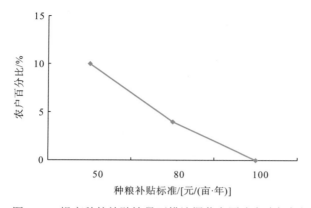

图 4.36　提高种粮补贴情景下耕地撂荒意愿响应路径与阈值

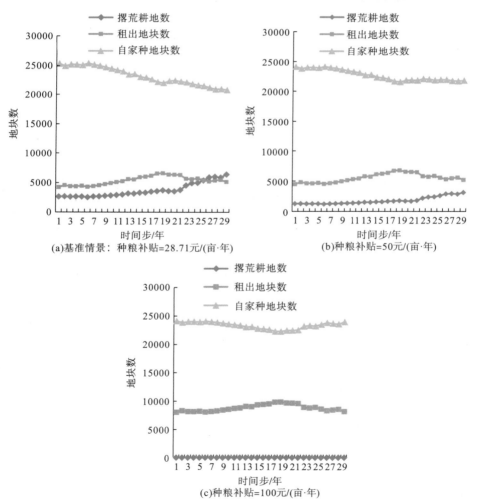

图 4.37　不同种粮补贴情景下耕地利用状态变化时序图

种粮补贴提高至 100 元/(亩·年)时,农户均愿意种植耕地而不会将其撂荒。农户自家种地块数和租出地块数均有不同程度的增加,此状态下耕地达到最大限度的利用,能够较好地维持粮食生产可持续性。

2. 工作机会激励的情景

工作机会激励的情景,即村镇周边工作(每天可以回家)、县城务工(在农忙时可以回家)、其他城市务工(没有时间回家)时,耕地利用状态的变化。通过询问农户意愿分析打工条件的变化对耕地利用变化(自家种、撂荒与转租)的影响,如表 4.15 所示。

表 4.15　不同的工作机会激励下农民数量变化

工作条件激励	参数改变
村镇周边工作	增加的农民数=0.7×打工数
县城工作	增加的农民数=0.5×打工数
其他城市务工	增加的农民数=0

通过设置不同的工作机会激励条件,农户对耕地利用决策变化方式也不相同。与基准情况对比,设置县城务工(在农忙时可以回家)和村镇周边务工(每天可以回家)两种对比情景,观察耕地利用状态变化。

从图 4.38(b)可以看出,与基准情景(图 4.38(a))相比,县城务工情景使得打工者可以在农忙时回家,提供了部分农业劳动力来源。在该情景下,$t=19$ 时刻耕地出租的数量从 6372 地块下降至 4825 地块,在 $t=30$ 时刻耕地撂荒的数量从 6459 地块下降至 3986 地块。农业劳动力的存在使得纯打工型农户的减少和农业兼业型农户数量的增加,减少了出租地块和撂荒地块,同时增加了自家种植地块数。

村镇周边工作情景(图 4.38(c))使得打工者可以随时参与农耕,相对于县城务工情景提供农业劳动力数量进一步增大,减少了纯打工型、非农型农户的数量,增加了农业兼业型和纯农业型农户的数量,故更大程度上减少了耕地撂荒数($t=30$ 时刻耕地撂荒地块数从 6459 下降至 2479)和出租数($t=30$ 时刻耕地转租地块数从 5005 下降至 2329),使得耕地绝大多数被自家耕种。两种激励情景有利于耕地系统可持续发展和农户生计稳定性发展。该情景分析表明政府可以通过增加家门口就业机会改善当前耕地系统和农户生计状态。

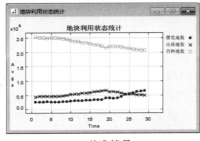

(a)基准情景

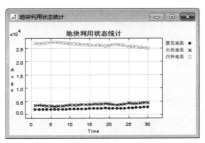

(b)县城务工

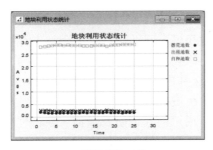

(c)村镇周边工作

图 4.38   不同工作条件激励下耕地利用状态变化时序图

4.6   本 章 小 结

(1)基于遥感数据发现1991～2000 年和2001～2010 年两个时段内蒙古自治区耕地减少现象普遍存在且主要集中在自治区北部和中西部。分析耕地减少区域降雨和 NPP 分布规律发现，低降雨和低 NPP 区域容易发生耕地减少现象，但其他区域也存在耕地减少现象。耕地减少现象作为一种复杂过程，受自然环境、经济社会和国家政策等各方面因素影响。

(2)基于问卷数据获取千斤沟镇农户改变耕地利用方式的直接原因。基于二元Logistic 回归分析方法通过收集农户成员特征、家庭资源配置和农户经济特征共15 个变量，建立耕地流出模型，分析了导致农户耕地流出的因素有哪些并且对影响程度进行定量分析。研究表明农业收入比重对农户租出耕地起到负面抑制作用，而户主年龄、务农人员平均文化程度、打工人数、家庭耕地面积、租地收入和家庭收入水平对农户租出耕地起到正面促进作用。因通过显著性检验的统计分析耕地流出驱动机制并不能将土地利用变化与其他耕地流入、撂荒相关因素建立起必然联系，故需要通过其他方法建立全面的耕地利用变化驱动机制。

(3)农户耕地利用行为受农户家庭成员结构(劳动力资源配置、年龄和职业等)、耕地资源禀赋、经济社会发展、国家政策及周围邻居行为影响。根据农户生计耕地和非农劳动力资源的占用和需求及农户的经济收入来源，即家中有无打工者、有无农业劳动力及农业收入所占的比重，将农户分为补贴依赖型、纯农业型、纯打工型、农业兼业型和非农型 5 类。通过分析不同类型农户家庭结构组成，根据家庭成员结构组成对农户进行初始化。利用概率分析和决策树方法对不同类型农户行为进行分析，得出 100%补贴依赖型农户流出耕地，72%纯农业型农户流入耕地，100%纯打工型农户流出耕地，28%农业兼业型农户流出耕地同时有 54%农户流入耕地，52%非农型农户流出耕地同时有 44%农户流入耕地，当耕地无人租入时，流出的耕地将被撂荒。

（4）基于 RepastJ 和 Java 语言，在 Eclipse 集成开发环境中搭建耕地利用变化多主体模拟平台可扩展性和可延展性较好，平台稳定性较高且能够高效地完成模型的测试与运行。通过设计农户群体、农户、个体和国家主体的属性和方法，分析个体 agents、农户 agents 和国家 agent 的主要行为和决策，建立耕地利用变化模型运行机理，实现对农户决策行为的科学合理表达。农户租出耕地的行为受"人类-自然"耦合因素影响，通过问卷调研及数据可获得性，加入 NPP、道路、坡度、地形起伏度和邻域状态共 5 个自然因子，人类社会因子则通过农户属性和农户家庭成员结构属性输入模型。

（5）模型对千斤沟镇未来 30 年耕地利用变化进行预测发现，耕地被转租和撂荒地块数呈增加趋势，而自家种植地块数呈下降趋势，在 $t=30$ 时刻高达 35.61%，耕地权属发生改变，千斤沟镇打工者数量越来越多，农民数量则越来越少。千斤沟镇耕地流入至少数人手中现象并不普遍，低聚集度耕地占主导地位。5 种不同类型农户数量变化时序图表明，千斤沟镇生计非农化现象逐渐加剧，而纯打工型农户的快速上升表明人地依存关系的断裂，相应农户生计稳定性受到越来越多的威胁。

（6）国家实施退耕还林政策旨在保护脆弱区生态环境，实施粮食直补政策旨在提高农民种地积极性。因当地农民 96.3%积极响应退耕还林补贴政策，故农民对该补贴政策提高是否影响农民流转耕地并不敏感。而种粮补贴政策由于补贴给土地所有者，农户如果撂荒了耕地便得不到该项补贴，故种粮补贴政策影响农户耕地撂荒行为而不影响农户耕地流转行为。

（7）设置种粮补贴提高和家门口工作机会激励两种情景。研究表明，种粮补贴的提高可以显著改善农户耕地撂荒行为，而增加家门口工作机会则保证了农业劳动力的数量，有效减少了耕地转租和耕地撂荒的数量。两种激励措施均能对千斤沟镇农户生计稳定性和耕地系统可持续性起到正面推动作用。

第5章 多主体模型对草原牧区生计可持续性模拟的实证研究

5.1 研究背景

人类活动及其所导致的全球环境变化全面而深刻地改变了生态系统的格局和过程(Foley，2005)，高强度的资源利用与持续增加的食物、纤维、能量、材料需求正在导致对地球表面有限自然资源的消耗强度日益增长(WWF，2004)。自然资源的过度利用使得保持生态系统服务功能和经济增长的矛盾日益突出(Vitousek et al.，1997)。人类社会与自然界的关系，在规模、深度、性质上伴随着人口和经济的增长而改变(Steffen et al.，2007)。土地利用和土地管理的变化影响了生态系统的状态、性质和功能，反之，它们又影响生态系统服务的供应及人类的生存(Lambin and Meyfroidt，2011)。因此，如何兼顾生态系统安全和人类社会的生存，实现社会-生态系统的可持续发展，成为当前普遍关注的重要问题(Münier et al.，2004)。

在蒙古高原地区过去的30年里，人们为满足日益增加的人口及其对生态系统服务功能新的需求，进行了一系列集约化土地资源利用及草地资源连续和高强度过牧(Zhen et al.，2010；Xue，1996)；蒙古族传统的牧场使用方式和生产秩序的巨大变化，以及向半游牧和定居式的生活方式的转变使其生态系统服务消耗结构趋向多元化和高强度(Zhen et al.，2010；Dulamsuren and Hauck，2008)，致使草地开垦和过牧曾以空前的速度发展，对内蒙古乃至整个华北、东北亚的气候和生态安全产生了严重影响，突出表现为由于土地退化和土地沙化引发的沙尘暴灾害，以及过牧、土地开垦和撂荒导致的数倍甚至百倍的土壤侵蚀(Liu et al.，2008)。针对当地生态系统功能的恢复重建，由政府主导的自然资源管理策略包括退耕(牧)还林/草、限牧禁牧等生态补偿方法。目前，这些工程仍在实施之中。但是，从实施过程和局部的结果来看，生态补偿不仅给政府带来投资压力，也给当地居民的生活带来一定的影响。当生态补偿政策停止执行时，草地复耕和牧场过度放牧的现象仍会重演(Han et al.，2010)。出现这种现象的根本原因是近年来经济发展引起的人类消耗结构改变所带来的生态服务需求增长，这成为影响生态系统的核心因素。如何建立可持续的草地资源管理策略，如何应对人类对有限生态系统服务的无节制消耗，并发现草地生态系统合理利用模式，成为草地生态系统服务功能维护面临的核心问题。

为了协调人类发展目标与水土流失、生物多样性保护和其他环境维护之间的关系，国家已出台了多个有针对性的政策，并已基本实现了这些目标。但近年来，随着人类对自然资源需求的增加，自适应土地制度治理策略还需在自然环境传统保护的基础上注入以人为本的思想。三种广泛的可持续性方法包括减少预期变化的脆弱性、培养在面对扰动和不确定性时维持理想条件的弹性、当机会出现时从不受欢迎的轨道上转变过来。

生态系统服务消耗可定义为人类生产和生活对生态系统服务的消耗、利用和占用(Zhen et al.，2008)。构建生态系统服务供给和消耗相匹配的科学合理的模式将对减缓、遏制生态系统退化态势具有重要的现实意义，如何把人类对生态系统服务消耗与自然生态系统本身的供给结合起来是其中首先要解决的关键问题(Burkhard et al.，2012)。由于社会-生态系统是人与自然紧密联系的复杂适应系统，受自身和外界干扰的影响，具有不可预期、自组织、非线性、多稳态、阈值效应、历史依赖和多种可能结果等特征(Gunderson，2001)。发现自然资源的可持续管理策略需要充分认识和综合分析生态系统与社会系统相互作用过程和反馈关系(Chapin et al.，2005)，在研究过程中，不仅要关注不同尺度空间中资源利用的状况和变化过程，与此同时，更需要关注人类决策活动及生活变化的过程及其对自然资源利用状况的影响。多主体建模方法能够采取自下向上的研究思路，通过考察大量个体行为在限制条件下的运行和演化过程来展现这些个体行为在总体上的规律和轨迹(Huang et al.，2010)。近年来，该方法在土地资源利用、生态系统管理和保护等领域得到大量应用(Heckbert et al.，2010；Evans and Kelley，2004)。在该方法中，agent 一般代表社会系统的独立对象，如人、家庭、机构等，通过模拟这些独立对象在对应自然空间的活动及其与自然空间的相互作用，来揭示经济社会系统与自然生态系统的相互作用规律(Speelman and García-Barrios，2010；Evans and Kelley，2004)。

在所有目前生态学家识别出的生态服务类型中，供给(食物、纤维、薪柴等)服务是与人类直接消费关系最为密切的服务(Bagstad et al.，2013；Börner et al.，2007；Deutsch and Folke，2005)。草原生态系统服务消耗主要来自本地牧民的消耗。牧民在通过牧业生产活动创造生活资本的同时也作为生态消耗主体对草原生态系统带来压力。因此，生态系统服务合理消耗模式研究的出发点和落脚点都归结到个人和群体的社会经济活动。以家庭为核心的消费者行为一般与其经济活动投入产出模式及其环境后果相关联，对生态系统服务的消耗一般也是以家庭为单元。牧民的生活方式和习惯对其消耗模式起着重要作用，同时，对生态系统服务的总体消耗不仅仅取决于牧户数量及其消费特点，还与自然、技术、经济、行为习惯及时间和空间变化密切相关。此外，牧户的消耗以牧户的收入为基础，而牧户的收入取决于家庭成员个体的职业及收入状况。基于此，研究个人及家庭在生态系统服务供给和消耗方式选择上的影响因素、差异性及趋向性是其中的关键环节。因此，采用多主体建模的方法来研究草地生态系统可持续管理策略，发现草地生态系统的合理消耗模式是一个可行的方案(Jager and Mosler，2007)。

5.2　研究区概况与数据采集

5.2.1　研究区概况

鄂温克族自治旗地处中国内蒙古自治区东北部、呼伦贝尔草原东南部。地理坐标 118°48′02″E～121°09′25″N，47°32′50″N～49°15′37″N。全境东西宽 173.25km，南北长 187.75km。年平均气温为-2.4～2.2℃。年平均无霜期 100～120 天。一般年平均降水量 350mm，年蒸发量 1466.6mm。截至 2013 年，鄂温克族自治旗土地总面积为 2798.5 万亩，其中，森林面积 970.5 万亩，草原面积 1589.4 万亩。

为保护和改善天然草原生态环境，增加牧民收入，发展现代草原畜牧业，2011 年开始启动了草原生态保护补助奖励机制。按照草场退化沙化程度和草场生态承载能力，科学规划禁牧区和草畜平衡区，设计不同的禁牧模式和草畜平衡模式。根据草原普查数据，依据草原的载畜能力及再生能力等因素，确定禁牧区和草畜平衡区。呼伦贝尔市鄂温克族自治旗属于草畜平衡区，草畜平衡区的特点是草原生产力较高，草地未退化或轻度退化，自然条件相对较好，草原生态恢复能力强，能够通过采用草畜平衡措施，推行休牧、划区轮牧等合理利用制度，逐步达到草原可持续利用的目的。政府对实施草畜平衡区域的牧户按照草场面积发放补助，以弥补减小牲畜养殖规模带来的经济损失，同时鼓励牧民以专业合作社形式或以嘎查(蒙语，同汉语"行政村")为单位建设舍饲养畜基地。

5.2.2　数据采集

模型中主体结构及运行规则数据是采用随机采样方法进行问卷调查。调查内容包括家庭成员的年龄、职业、教育结构、家庭生产状况、家庭消费状况和家庭的消费观念与意愿。土地利用现状分布图由 2010 年 TM 遥感影像提取；作为模型运行起始年的土地利用初始化状态统计数据，用于模型的初始化的案例区县域尺度农牧业生产、人口和教育等数据来源于 2010 年内蒙古自治区社会经济统计年鉴；草地生产力数据由光能利用率遥感模型 VPM 模型估算。

5.3 牧户行为特征分析

5.3.1 牧户家庭结构特征分析

对牧户行为特征的数据分析,作为模型初始化时的输入数据。首先,按每户家庭的人口数对家庭进行分类,得到样本家庭人口数分布比例,见表 5.1。

表 5.1 牧户家庭人口数分布比例

户型	人口数为 1	人口数为 2	人口数为 3	人口数为 4	人口数为 5
比例/%	4	10	40	42	4

其次,对每一类家庭分别统计其家庭成员结构类型,得到每一类家庭的成员结构分布比例;此外,对每一类的个体分别统计其职业、文化程度和性别,得到不同年龄段个体在职业、文化程度和性别的分布比例(表 5.2)。

表 5.2 农牧户家庭人口职业状态分布

户型	家庭结构特征
1 人户	牧业,且为男性
2 人户	1 户由 1 老人 1 成人组成,2 户是年龄 60 岁以上的老年夫妻,2 户是中年夫妻,均从事种植业
3 人户	17 户家庭是夫妻 2 人+1 个孩子:夫妻 2 人职业是养殖,其中有 12 户的孩子在上学,孩子打工的两户,孩子养殖的 3 户;2 户家庭是 1 个长辈+2 个孩子;1 户家庭是 1 个老人+1 对夫妻,至少两个人职业是养殖,另外一个可能是打工,养殖和学生
4 人户	19 户是 1 对夫妻+2 个孩子,夫妻均从事养殖,其中 7 户有 2 个学生,3 户是 1 个学生和 1 个打工,4 户是 1 个学生和 1 个养殖,2 户的孩子都是打工,1 户的孩子都是养殖,2 户是 1 个打工 1 个养殖;1 户是 1 个老人+3 个孩子,1 个孩子打工,其余 3 个养殖;2 户是 1 个老人+1 对夫妻+1 个孩子,其中孩子是学生,其余 3 人养殖
5 人户	1 户是 1 个老人+4 个成人,从事养殖;1 户是 1 对老人+1 对成人+1 个孩子,孩子是学生,其余 4 人养殖

第三,对个体按年龄进行分类,得到不同年龄段类型个体的分布比例(表 5.3)。

表 5.3 农牧户家庭人口年龄分布比例

年龄	0~10 岁	11~20 岁	21~30 岁	31~40 岁	41~50 岁	51~60 岁	61~70 岁	70 岁以上
比例/%	6	16	21	17	22	9	5	4

5.3.2　牧户状态转换分析

统计所有的人口数和可用土地数量，得到人均牧场面积，并转化为在模型中的栅格点数；统计所有家庭的土地利用类型/畜牧类型和数量，得到不同土地利用类型/畜牧类型和数量的分布比例，作为模型初始化参数（表 5.4）。

表 5.4　模型主要参数初始化

参数	初始值	来源
牧户平均人口	3.2	调查和年鉴
人均牧场面积/hm^2	24	调查和年鉴
生态补贴/(元/hm^2)	45	调查
养羊户户均养殖羊数量/头	101	调查
养牛户户均养殖牛数量/头	22	调查
牧民养殖上限/(羊单位/人)	500	调查
户均外出打工收入/元	15000	调查和年鉴
户均养殖收入/元	43000	调查和年鉴
人均食物消费金额/元	2654	调查与年鉴
年中与年末牲畜比/羊单位	0.62	年鉴

在此基础上，基于问卷数据，提取牧户家庭成员职业状态转换规则，如表 5.5 所示。

表 5.5　农牧户家庭成员主体职业状态转换规则

代号	说明
R12	当家庭中学生年龄大于 18 岁时，按 60%转为大学生
R13	当家庭中的学生年龄大于 18 岁时，按 20%转为城市打工者
R14	当家庭中的学生年龄大于 18 岁时，按 20%转为牧民
R23	当家庭中的大学生毕业后，30%转为牧民
R24	当家庭中的大学生毕业后，40%转为城市灵活职业者
R25	当家庭中的大学生毕业后，30%转为城市稳定职业者
R36	当年龄大于 70 岁时，丧失劳动能力
R46	年龄超过 65 岁，丧失城市打工能力的农民工
R57	年龄超过 60 岁，退休的劳动者

状态转换规则如下：

R12：年满 18 周岁，高中毕业考上大专院校。

R13：年满 18 岁，未受到高中教育和中专教育的按一定的概率成为从事城市打工工作的城市灵活就业者。

R14：年满 18 岁，受到过高中教育未考上大学的青年、未受过高中教育的按一定的概率成为从事牧业生产的牧民。

R23：年满 18 周岁，受过中专教育的青年或年满 22 周岁，受过大学教育的青年，有一定概率成为牧业劳动者。

R24：年满 18 周岁，受过中专教育的青年或年满 22 周岁，受过大学教育的青年，有一定概率成为城市灵活就业者。

R25：年满 18 周岁，受过中专教育的青年或年满 22 周岁，受过大学教育的青年，有一定概率成为城市稳定就业者。

R36：年龄超过 70 岁，丧失劳动能力的牧业劳动者。

R46：年龄超过 65 岁，丧失城市打工能力的农民工。

R57：年龄超过 60 岁，退休的劳动者。

5.4　模型构建与情景模拟

定义合理生态消耗是指牧民为维持生计对生态系统供给服务的消耗（生产消耗），既不对生态系统产生过度压力，又能够满足家庭维持生计的基本生活需求。即在一个运行着的社会-生态系统中，最低生态消耗值为牧户维持基本生计的服务供给需求，低于这一值牧民将无法得以生存，社会-生态系统随之崩溃；最大的生态消耗量为生态系统供给量，超出这一上限值生态系统则不能承载过度利用行为。合理消耗区间应在达到牧户最小满意度且不致使生态系统压力过大的范围内。在所有目前生态学家识别出的生态服务类型中，供给（食物、纤维、薪柴等）服务是与人类直接消费关系最为密切的服务。其中食物的供给和消耗是能够通过调查和统计数据进行定量分析的生态系统服务供给和消耗类型之一，因此，研究食物的供给和消耗可以定量地揭示牧户对草原生态系统服务消耗的情况。生态系统净初级生产力（NPP）（Imhoff et al.，2004）是绿色植被在单位面积、单位时间内所累积的有机物数量，是由光合作用所产生的有机质总量中扣除自养呼吸后的剩余部分，它直接反映了生态系统在自然环境条件下的供给能力，因此掌握人类为摄取营养与物质能量所消耗的绿色植物的生物生产量有助于认识和准确把握人类活动对生态系统影响的方式、程度和范围。以植物生产力为单位定量评估人类对绿色植物生产力的影响与占用情况，探讨植物生产对人类生态系统的支撑能力及其自我维持能力，是区域可持续发展生态评估的主要方法之一（Costanza et al.，2007）。2004年 Imhoff 等在 *Nature* 上发布了人类消耗的陆地生态系统净初级生产力（human appropriation of net primary productivity，HANPP）全球计算结果，Haberl 等（2007）

用不同的方法也计算了全球陆地生态系统 HANPP。该方法不同于生态足迹、能值
分析和物质流分析等方法,NPP 是可以直接由遥感观测数据估算的指标,因此,
"NPP 消耗"是既可以表示人类对生态系统的占用的程度又能够体现其空间格局
的生态系统服务消耗指标。因此,本章选取 NPP 作为生态系统服务供给和消耗的
衡量指标,通过计算生态系统供给和消耗 NPP 的数量比较来评价草地生态系统服
务消耗的合理性。对应于本章的研究内容,生态系统可承载的最大 NPP 消耗即为
生态系统实际供给的 NPP;基本生活消耗是指为获取生存所需食品(包括粮食、肉、
奶)直接或者间接消耗的 NPP,其中直接消耗是指生活消耗直接来源于牧户生产的
粮食或肉、奶;间接消耗是指牧户从事牧业生产的收入中为购买生活必需食品的
支出的部分。

5.4.1　生态系统服务消耗多主体模型描述

模型的概念框架如图 5.1 所示。

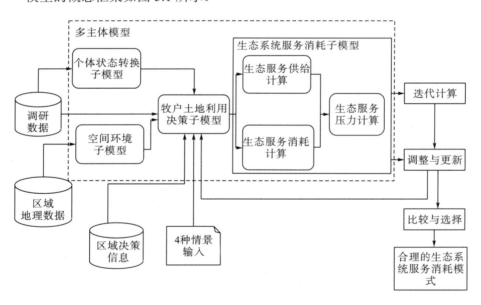

图 5.1　生态系统服务消耗多主体建模的概念框架图

1. 目的

生态系统服务消耗多主体模型用于模拟在经济、社会及环境变化下的本地居
民的生态系统服务消耗过程,探索草地生态系统可持续管理策略,发现该类草原
地区生态服务合理的消耗模式,为促进内蒙古地区社会-生态系统可持续发展提供
决策支持工具。

2. 实体、关系、状态变量与尺度

(1)实体。在生态系统服务消耗多主体模型里，有两类实体，一类是牧民个体，另一类是牧户。这两类实体就是模型中的两类 agents，分别是牧户 agent 和牧民 agent。

(2)关系。牧户 agent 与牧民 agent 是一对多的关系，每一个牧民必然属于某一个牧户；而每一个牧户必然包含一个以上的牧民个体。

(3)状态变量。牧民的状态变量有年龄、工作类型、教育程度、所属家庭 ID 号、婚否、工作地点、职业收入；牧户的状态变量有家庭 ID 号、家庭成员数量及每一个农牧民 agent 的 ID 号、牧场的地块数量、每一地块的位置坐标、家庭对牧场的决策行为。

(4)尺度。每一个 timestamp 代表 1 年；每一个空间单元代表一个地块，面积为 1hm²。

3. 过程概述和时刻表

1)过程概述

模拟时，所有的牧户 agent 随机与不同的空间地块关联到一起，牧户 agent 与空间地块是一对多的关系，牧户 agent 与地块关联到一起后，牧户 agent 拥有的土地即是与其关联的地块。牧户 agent 根据其家庭成员的数量按比例拥有相应数量的地块。在开始阶段地块分配后，牧户 agent 所拥有的地块数量不再改变，但它可以租赁别的牧户 agent 的地块(这符合当前中国的农牧业土地政策)。在每个时间步长，牧户 agent 首先由牧户 agent 驱动家庭成员 agent 更新年龄，执行状态变化子模型，确定每一个家庭成员 agent 的职业类型；然后牧户 agent 执行土地利用决策子模型，确定牧场养殖牲畜类型和数量；接着牧户 agent 执行生态系统服务消耗子模型，计算家庭的生态系统服务消耗及所属地块的服务消耗压力指数。所有牧户 agent 执行完毕后，执行系统统计分析模块，计算系统平均的牧户总收入、牧业收入、家庭成员工作收入、平均的生态系统服务消耗压力指数(包括理论的和实际的)。执行系统的空间环境子模型，将服务消耗压力指数可视化地表现在土地利用图上。执行系统的统计分析模块，画出牧户收入曲线、农牧民职业变化曲线和生态系统服务消耗压力指数曲线。

2)时刻表

模型在每一个时间步长的执行顺序是固定的，和上文描述的顺序一致。模拟开始时 agents 生成的顺序及与地块关联的次序是随机的，每次模型启动运行均会有差异；每一个时间步长内牧户 agents 的执行先后顺序是不同的。

4. 概念设计

模型采用"经济人"假设作为个体 agent 和牧户 agent 决策的基本决策依据；采用植被净初级生产力作为计算生态系统服务供给和消耗的基本参数；定义生态系统消耗压力参数作为衡量草地生态系统服务消耗水平的参数；采用中国膳食营养平衡标准的食物配比作为牧民食物消耗的基本标准量。

亚当·斯密的"经济人"假设。"经济人"是以追求个人利益最大化为目的并积极从事经济活动的主体。斯密认为"经济人"具有利己本性，在经济活动中会导致人们完全追求个人利益而不会顾及其他人利益，但由于每个人的谋利活动受到其他人的谋利活动的限制，受到市场经济这只"看不见的手"的作用，每个人的这种利己行为最终会促进社会的利益。本章假设牧户主体和家庭成员主体均是"经济人"。

生态系统服务供给与消耗。NPP 作为地表碳循环的重要组成部分，可直接反映植被群落在自然环境条件下的生产能力，可用于表现牧户生产的生态系统服务供给的情况。

应用遥感模型计算的 NPP 计算公式计算出各栅格单元草原生态系统的 NPP 值(Ma et al.，2008)。根据草甸草原地上生物量与地下生物量分配比例的研究结果(Ma et al.，2008)，可供畜牧业利用的 NPP 比例为 14%。算出的 NPP 值按该比例转换成畜牧业实际利用的 NPP 值。

牧户的生态系统服务消耗 NPP 分为两部分，生产消耗和生活消耗。牧业生产消耗即牧户饲养牲畜所需饲草的 NPP 消耗量。

饲草消耗 NPP 计算方法为

$$\text{Consumed\_NPP}_g = \text{NUM} \times \text{GW} \times \text{GD} \times (1 - \text{MC}) \times \text{FC} \qquad (5.1)$$

式中，NUM 为牲畜数量，来源于调查问卷；GW 为日食干草重量，来源于当地草畜平衡实施细则；GD 为年食草日数，其中存栏牲畜为 365 天，出栏牲畜为 180 天；MC 为风干草含水量，本章中风干草含水百分比取 15%(方精云等，1996)；FC 为植物生物量(单位为 g)与碳含量(单位为 gC)的转换系数，按 0.45 计算(方精云等，1996)。每个羊单位按日进食干草 1.8kg 计算，可得每个羊单位日消耗饲草 NPP 值为 688.5gC。

生活消耗是指为获取生存所需食品(包括粮食、肉、奶)消耗的 NPP。由于在不同区域和不同生产模式下的牧户获得相同的牧业生产收入的生产消耗不同，等量的生活消费产生的生活消耗 NPP 量不同，牧户生活消耗 NPP=(牧业生产消耗 NPP/牧业生产收入)×牧户食品支出。根据闫慧敏(2012b)等计算出的内蒙古不同生产模式下 NPP 价值的对应关系(表 5.6)，研究区畜牧业主要是绵羊养殖，其 NPP 消耗的价格当量为 1878g/元。

表 5.6　各农牧业生产模式下的生态系统生产力成本消耗

生产模式	NPP 消耗/生产收入/(g/元)
农业(鄂尔多斯)	377
农业(锡林郭勒)	426
绵羊	1878
山羊	570
本地牛	847
奶牛	288

牧业生产收入($PROD_g$)由当年生产各类仔畜的数量(NUM_c)与价格(PR_c)，生产羊毛($WOOL$)的产量($WOOL_o$)与价格($WOOL_p$)计算：

$$PROD_g = NUM_c \times PR_c + WOOL_o \times WOOL_p \tag{5.2}$$

食品支出($FOOD_{ex}$)由粮食、肉类和牛奶的消费量($FOOD_e$、$MEAT_e$、$MILK_e$)与价格($FOOD_p$、$MEAT_p$、$MILK_p$)计算：

$$FOOD_{ex} = FOOD_e \times FOOD_p + MEAT_e \times MEAT_p + MILK_e \times MILK_p \tag{5.3}$$

生活消耗 NPP($Consumed\_NPP_l$)的计算公式如下：

$$Consumed\_NPP_l = \frac{Consumed\_NPP_g \times FOOD_{ex}}{PROD_g} \tag{5.4}$$

以上计算公式中的农牧业生产产量数据来源于问卷调查，价格来源于同年内蒙古社会经济统计年鉴。

生态系统消耗压力计算。生态系统消耗压力是指当地牧户生产消耗与当地生态系统生产力供给的比值。即

$$ECO\_P = \frac{Consumed\_NPP_g}{Supply\_NPP} \tag{5.5}$$

本章采用生态系统消耗压力来衡量研究区内生态系统消耗程度。

鉴于人的食物消耗在数量和质量上追求合理健康饮食，本章以中国居民平衡膳食宝塔结构所规定的食物结构为标准(中国营养学会，2010)。牧户家庭成员消耗的上限不应超过该标准所规定的饮食上限。按其规定，膳食宝塔共分五层，包含每天应吃的主要食物种类。幼儿和老人按最低值计算，成人和青年按最高值计算其上限。

(1)涌现。本章中的涌现现象包括草原生态系统的利用使得居民的生活水平达到合理水平，同时生态系统服务消耗也处于一个合理水平，生态系统服务压力保持正常水平。

(2)适应性。牧户 agents 根据上年度的牧业收入、国家牧业政策和家庭劳动力状况等对农地畜牧数量类型进行适应性调整，根据上年收入进行本年度消费的自

适应调整；家庭成员 agent 根据上年度各职业的平均收入水平及自身状况作出职业选择的自适应调整。

（3）目标。牧户 agents 的目标是提高家庭的生活水平，实现家庭利益的最大化。家庭成员 agents 的目标是增加自己的劳动收入。

（4）学习。牧户 agents 和家庭成员 agents 可通过学习其他 agents 的决策行为及效果提高自身达到目标的能力。牧户 agents 通过学习来提高畜牧养殖的决策水平，达到牧场保护和生活水平提高的目的；家庭成员 agents 通过学习达到提高打工收入和养殖能力的目的。

（5）个体预测。牧户 agents 根据前一年的平均牧业收入增长率预测当年的牧业收入和当年草地生态系统消耗水平，做出牧业生产决策；家庭成员 agents 根据前一年的平均外出就业收入及牧民收入增长率预测当年的各职业的收入，对自己当年所要从事的职业做出选择。

（6）个体感知。牧户 agents 可以感知到自己家庭成员 agents 的工作状态、收入和消费状况，可以感知到国家牧业政策变化、牧户平均收入水平、生活水平的变化和土地利用状态的变化。家庭成员 agents 能够感知各职业年平均收入变化，各职业人员的消费水平变化，社会经济水平的变化。

（7）个体交互。牧户 agents 之间交换年度收入、年度消耗和年度畜牧种类及数量等信息，并以全部牧户的平均值的形式传递给各个牧户 agents。牧民 agents 之间交换收入和消费的信息，以不同职业收入与消费的平均值传递给各个牧民 agents。牧户 agents 与家庭成员 agents 之间交换年度消费、收入及牧业状况信息，也交换各个家庭成员的收入、消费、职业等信息。

（8）自主性。牧户 agents 的家庭成员结构根据入户调查的家庭成员结构比例随机生成，但保持了牧户 agents 总体结构比例与实际调查比例的一致性。牧户 agents 的数量与地图上的地块数量一致，具体到每一个牧户的土地位置由系统随机分配。每一年的社会经济增长率、agents 的学习结果是在某一取值区间的随机数。牧户 agents 牧业生产决策，牧民 agents 的职业选择在遵守模型规则基础上也有微小变化，这个变化也是一定值域的随机数。这些随机特征是为了使模型更接近于现实而设定的，也可以通过调整随机数的值域来观察系统变化和 agents 决策的变化。

（9）群体性。在模型中约定：同样的家庭成员结构的牧户 agents 牧业生产决策的结果相同，同样类型土地的生态系统服务供给量相同。在模型运行中将表现出 agents 的集合特性。

（10）观测指标。模型将在每一个时间步长采集每一个地块的生态系统消耗压力，计算区域平均生态系统消耗压力。采集每一个牧户 agent 的生活消费量、牧业收入量、畜牧数量，以及每一个个体 agent 的职业、收入和消费量，并统计平均量。这些数据仅是给定输入条件下某区域的实验结果。但是最终的生态系统服务合理消耗的结论不仅适用于当地，对其他同类区域也是普遍适用的。

（11）初始化。模型的初始化包括运行空间初始化，牧户 agents 和家庭成员 agents 的初始化。其中运行空间来自研究区的土地利用图，始终不变；而 agents 每一次初始化均不同，但与样本调查数据的统计分布比例一致。

根据入户调查和社会经济统计数据的分析结果确定模型的初始化状态。agents 的运行空间是一个从研究区域的土地利用图中截取 200×200 的二维栅格空间。土地利用图的尺度是 100m，这样运行空间中的一个格点代表实际面积为 100m× 100m（1hm²）的土地。在牧户 agents 和个体 agents 初始化时，首先统计二维栅格空间中的可利用地块（农地和草地）数。然后开始初始化牧户 agents 和个体 agents。在初始化每一个牧户 agents 时，先判断空间是否还有足够的可用地块，如果没有，则停止初始化；如果有，则开始对牧户 agent 初始化。按照调研数据的统计结果，分别按顺序完成模型初始化。

（1）按照样本家庭人口数分布比例随机生成牧户 agent 的家庭成员个数。

（2）按照样本每一类家庭的成员结构分布比例和不同年龄段个体的分布比例随机生成牧户 agent 家庭成员的结构（每个成员的年龄和身份）。

（3）按照每一类个体的职业、文化程度和性别分布比例随机生成每一个成员 agent 的职业、文化程度和性别。

（4）根据家庭成员数和人均土地数量算出牧户 agent 拥有的地块数量，并在二维栅格空间中为该牧户 agent 连续分配相应数量的地块。

（5）判断家庭的劳动力状况，如果没有从事养殖业的劳动者，其土地可能出租或撂荒；如果有从事养殖业的劳动者，则根据畜牧类型和数量的分布比例来随机生成家庭畜牧类型和数量。通过以上步骤，来完成牧户 agent 和成员 agent 的初始化。

5. 输入数据

在模型运行中需要输入的数据是社会经济增长率、政府的土地经营补贴、生态补偿补贴等信息。这些信息可根据模拟情景在系统中的配置要求进行输入。每一个 agent 都可以感知这些信息。

6. 子模型

子模型包含个体 agent 状态变化子模型、牧户 agents 土地利用决策子模型、生态系统服务消耗计算子模型三个模型。

1）个体 agents 状态变化子模型

依据中国教育和就业现状及问卷调查分析的结果，将个体 agents 的状态划分为 7 种状态。①被抚养状态，指 agent 处于幼儿时期或中小学生状态；②就业前教育状态，指 agent 处于接受职业教育或接受大学教育的状态；③牧民状态，指 agent 处于从事牧业工作的状态；④城市灵活就业状态，指 agent 处于在城市打工的状态；⑤城市稳定就业状态，指 agent 处于在城市国有企业、国家机关或事业单位工作的状态；⑥农村被赡养状态，指 agent 处于丧失牧业劳动能力的状态；⑦城市退休状态，是指 agent 处于从城市就业岗位退休，并拥有城市退休金的退休状态。这 7 类状态之间存在转换关系。经调研数据分析，个体 agents 的状态转换关系如图 5.2 所示，其中 S 表示 agents 的状态，R_{ij} 表示从 i 状态转换到 j 状态所需遵循的规则。

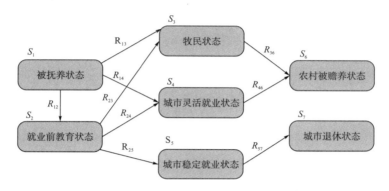

图 5.2　个体 agents 的状态转换图

注：具体的转换规则及参数根据研究区实际样本调查数据和统计数据确定

2) 牧户 agents 土地利用决策子模型

牧户 agents 土地利用决策子模型主要完成家庭个体 agents 职业选择的决策、家庭牧业生产的决策及家庭食物消耗的决策。决策流程如图 5.3 所示。

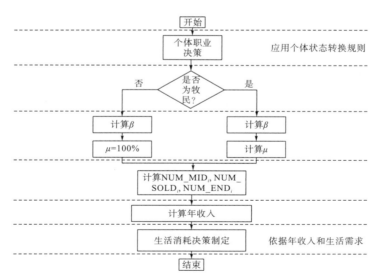

图 5.3　农户决策过程图

　　模型中首先由个体 agents 进行职业选择决策，其次是家庭牧业生产的决策。若家庭从事牧业生产的劳动力为 0，则将所有饲养的牲畜出售。若从事牧业生产的劳动力不为 0，则进行正常的牧业生产，牧户牲畜养殖量由产仔率 (β) 和出栏率 (μ) 决定。其值定义为

$$\beta = (\text{NUM\_MID}_i - \text{NUM\_END}_{i-1}) / \text{NUM\_END}_{i-1} \tag{5.6}$$

$$\mu = (\text{NUM\_MID}_i - \text{NUM\_END}_i) / \text{NUM\_MID}_i \tag{5.7}$$

式中，NUM_MID_i 为第 i 年年中的牲畜数量；NUM_END_{i-1} 为第 i-1 年年末的牲畜数量。

　　根据调研研究区产仔率一般在[0.4，0.8]内，根据《内蒙古统计年鉴》(2010)数据研究区出栏率在[0.4，0.6]内。在决策子模型中，出栏率受政策、环境和家庭饲养能力的影响。为反映政策、环境和家庭饲养能力对出栏率的影响，定义出栏率

$$\mu = \begin{cases} 1, & k = 1 \\ \text{Random}(0.4,\ 0.6), & k \neq 1 \end{cases} \tag{5.8}$$

式中，k 为影响因子。k 与政策因子 k_p、环境因子 k_e、家庭饲养能力因子 k_f 有关。

　　三种因子的取值定义为

$$k_p = \begin{cases} \text{Random}(0,\ 0.1), & \text{政策不鼓励} \\ \text{Random}(-0.1,\ 0), & \text{政策扶持} \end{cases} \tag{5.9}$$

$$k_e = \begin{cases} \text{Random}(0,\ 0.1), & \text{Supply\_NPP}_{i-1} < \text{Consumed\_NPP}_{g_{i-1}} \\ \text{Random}(-0.1,\ 0), & \text{Supply\_NPP}_{i-1} \geqslant \text{Consumed\_NPP}_{g_{i-1}} \end{cases} \tag{5.10}$$

$$k_f = \begin{cases} 1, & \text{牧业劳动力为0} \\ \text{Random}(0,\ 0.1), & \text{牧业劳动力减少但不为0} \\ \text{Random}(-0.1\ 0), & \text{牧业劳动力增加} \end{cases} \tag{5.11}$$

k 的取值定义为

$$k = \begin{cases} 1, & k_f = 1 \\ k_p + k_e + k_f, & k_f \neq 1 \end{cases} \tag{5.12}$$

　　出栏率 μ 的取值不仅由上面的公式计算决定，还要受不同情景模拟条件的影响，在后文的情景设定中将会介绍。

　　由上可知，第 i 年牲畜总数量 NUM_MID_i 为

$$\text{NUM\_MID}_i = (1 + \beta_i) \times \text{NUM\_END}_{i-1} \tag{5.13}$$

　　第 i 年牲畜出栏数量为

$$\text{NUM\_SOLD}_i = \mu_i \times \text{NUM\_MID}_i \tag{5.14}$$

　　第 i 年年末剩余牲畜数量为

$$\text{NUM\_END}_i = (1 - \mu_i) \times \text{NUM\_MID}_i \tag{5.15}$$

牧户的生活决策确定其一年的生活消费水平。牧户依据牧业生产收入确定生活消费量：

（1）当牧业生产收入<生活消耗需求时，畜牧业生产收入不能全部支持牧民生活，牧业生产收入全部用于生活消费；

（2）当牧业生产收入≥生活消耗需求时，畜牧业生产收入能全部支持牧民生活，牧户生活消耗全部来源于畜牧业生产，消耗量即为需求量。生活需求设定为居民膳食营养均衡的标准量（中国营养学会，2010）。

3）生态系统服务消耗子模型

生态系统服务消耗子模型模拟生态系统服务压力指数变化。本章中生态系统服务供给量设定为过去 20 年 NPP 平均值。

生产消耗根据式（5.1）计算。

牧户生活消耗变化与牧业生产收入和生活消耗需求（平衡膳食宝塔标准）有关，提供的食物消耗量为基础生活消耗量 B_Consumed_NPP$_l$，并计算当年牧业生产收入的 NPP 当量 PROD$_g$_NPP$_i$，本章定义牧户生活消耗的变化模型为

$$\text{Consumed\_NPP}_{l_i} = \begin{cases} \text{B\_Consumed\_NPP}_l, & \text{PROD}_g\_\text{NPP}_i \geqslant \text{B\_Consumed\_NPP}_l \\ \text{PROD}_g\_\text{NPP}_i, & \text{PROD}_g\_\text{NPP}_i < \text{B\_Consumed\_NPP}_l \end{cases}$$

$$(5.16)$$

生态系统消耗压力根据式（5.5）计算。

5.4.2　模型模拟情景设定

对于牧户而言，其拥有的财富多寡取决于其养殖牲畜的数量。而养殖数量的增加取决于牧户养殖牲畜的产仔率和出栏率。在产仔率无法人为控制的情况下，牧户能够决定的只有出栏率。模型的多情景模拟过程中将围绕出栏率的变化（μ_i）及对其产生影响主要因素（政策因子 k_p，环境因子 k_e）进行阈值及参数设置。

为了使设置的阈值符合实际，先针对出栏率的取值对生态系统服务消耗压力的变化做了模拟。模拟结果如图 5.4 所示。

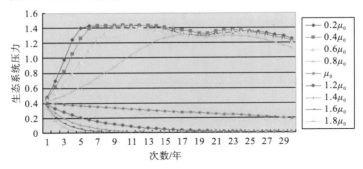

图 5.4　不同出栏率下生态系统压力变化

图 5.4 中的 μ_0 为当地多年平均牲畜出栏率。从图中可以看出，生态系统压力变化与出栏率有显著的相关性。以当前平均出栏率为基准，当出栏率增加时，生态系统压力降低，出栏率越高，生态系统压力的降幅越大；相反地，当出栏率减少时，生态系统的压力升高，出栏率越低，生态系统压力的增幅越大。

按照每次增加或减少 $0.1\mu_0$ 方式，对各种情景中需要确定出栏率的情况进行多次调整测试，获得符合情景要求的阈值参数如下。

情景一：现状。以当前研究区牧户的生产和生活消耗现状为条件，模拟在现状条件不变的情景下未来 30 年生态消耗状况及生态消耗压力变化的过程。

$\beta_i=\beta_0$，$\mu_i=\mu_0$；根据调研数据分析，当地牧户多年平均牲畜产仔率 $\beta_0=0.58$，当地牧户多年平均牲畜出栏率 $\mu_0=0.38$。有生态补贴，其他参数不变。

情景二：以提高主体生活质量为侧重点。牧户将以积累财富为目标，随着财富的积累，牧民的生产消耗也会提高。情景条件如表 5.7 所示。

表 5.7　情景二条件设置

条件	μ_i 阈值	μ_i 取值依据
$PROD_g\_NPP_i < B\_Consumed\_NPP_l$	$<0.7\mu_0$	模型敏感测试
$PROD_g\_NPP_i \geqslant B\_Consumed\_NPP_l$	$<0.8\mu_0$	模型敏感测试
$k_e=0$；$k_p=0$（即无生态补贴）		

情景三：以生态系统保护为侧重点。牧户的首要目标是保护生态系统，牧民的生活消耗量以不超过其生态系统的 NPP 供给量为标准。情景条件如表 5.8 所示。

表 5.8　情景三条件设置

条件		μ_i 值
$Supply\_NPP_{i-1} > Consumed\_NPP_{g_{i-1}}$	$PROD_g\_NPP_i < B\_Consumed\_NPP_l$	$\leqslant 0.7\mu_0$
	$PROD_g\_NPP_i \geqslant B\_Consumed\_NPP_l$	$\geqslant 1.4\mu_0$
$Supply\_NPP_{i-1} \leqslant Consumed\_NPP_{g_{i-1}}$	$PROD_g\_NPP_i < B\_Consumed\_NPP_l$	$\geqslant 1.5\mu_0$
	$PROD_g\_NPP_i \geqslant B\_Consumed\_NPP_l$	$\geqslant 1.6\mu_0$
	$k_p \in [0, 0.1]$（即有生态补贴）	

情景四：牧户生活质量和生态系统完全平衡。主体倾向于在两者之间均衡，在消耗的 NPP 不超过生态系统的 NPP 实际供给量的前提下，牧户可以持续增加牲畜数量，并提高生活质量，最终达到生态系统稳定和生活质量稳定的均衡态。情景条件如表 5.9 所示。

表 5.9　情景四条件设置

条件		μ_i 值	来源
$\text{Supply\_NPP}_{i-1} > \text{Consumed\_NPP}_{g_{i-1}}$	$\text{PROD}_g\_\text{NPP}_i < \text{B\_Consumed\_NPP}$	$\leqslant 0.7\mu_0$	模型敏感测试
	$\text{PROD}_g\_\text{NPP}_i \geqslant \text{B\_Consumed\_NPP}_l$	$\geqslant 0.8\mu_0$	模型敏感测试
$\text{Supply\_NPP}_{i-1} \leqslant \text{Consumed\_NPP}_{g_{i-1}}$	$\text{PROD}_g\_\text{NPP}_i < \text{B\_Consumed\_NPP}$	$\geqslant 1.2\mu_0$	模型敏感测试
	$\text{PROD}_g\_\text{NPP}_i \geqslant \text{B\_Consumed\_NPP}_l$	$\geqslant 1.6\mu_0$	模型敏感测试
		$k_p \in [0, \ 0.1]$, (有生态补贴)	

选取研究区内 20km×20km 的区块作为建模环境，根据研究区的生态系统服务现状及未来可能的发展趋势，设计 4 种情景，模拟各情景状态下未来 30 年生态消耗状况及生态消耗压力。模型从 2011 年开始模拟，时间步长为 1 年，模拟 30年。模型的输出指标包括牧户人均生活消耗 NPP 值、牧民人均年中和年末牲畜数、区域生态系统服务消耗压力、人口总数分布。本模型采用 Java 语言开发，基于 Repast 仿真平台加以实现。考虑模型中有随机参数，对每一种情景均模拟 50 次，把 50 次的均值作为模型的输出数据。

5.5　模拟结果分析

5.5.1　出栏率

出栏率不仅是控制牲畜规模的指标，也是牧户家庭当年现金收入和下一年资产规模的衡量指标。观察出栏率指标，可以对牧户的生活状态变化和生态消耗变化有一个定性的认识。因此，出栏率指标是本模型中的一个关键指标。如图 5.5所示，从出栏率变化过程来看：第一种情景的出栏率指标是设定的，保持不变，为 38%。第二种情景的出栏率指标没有设定，由模型运行结果统计得到。可以看到，在前 10 年保持在 30%以下，而在后 20 年逐渐增加，保持在 35%以上，但不超过 40%；出现这种情形是因为当牧民的人均养殖数量未超过上限时，他们为追求财富的增加将降低出栏率，直到财富达到最大值为止，才会调高其出栏率，并维持其养殖最大数量。第三种情景的出栏率保持高幅震荡态势，最高到 60%以上，最低接近于 30%。早期其出栏率在 50%以上，随后有一个下降的曲线，到 30%以后转而上升，至顶部到 40%以上后又形成下降的曲线；出现这种情景与模型中的情景设置有关，由于是以生态保护为侧重点，一旦出现生态消耗大于生态供给时，出栏率会有一个大幅的提高($\geqslant 1.5\mu_{\mathrm{avg}}$)，当生态消耗小于生态供给而且小于基准消耗时，出栏率会下降($\leqslant 0.7\mu_{\mathrm{avg}}$)。第四种情景出栏率在30%~45%小幅调整，然后升至35%以上后保持相对稳定，在40%以下保持小幅震荡，处于相对平衡状态。原因在于第四种情景设定出栏率的调整比较平缓。当生态消耗大于生态供给时，出栏率会有一个大幅的提高($\geqslant 1.2\mu_{\mathrm{avg}}$)，当生态消耗小于生态供给而且小于基准消耗时，出栏率会下降($\leqslant 0.7\mu_{\mathrm{avg}}$)。这说明第四种情景能够保持出栏率的动态稳定，属于比较合理的情景。

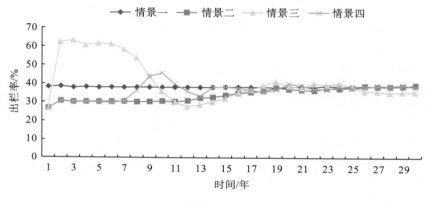

图 5.5　4 种情景的出栏率时序图

5.5.2　牧户财富积累的变化

如图 5.6 所示，本章用每个牧业劳动力平均饲养牲畜的数量来表示牧民的财富拥有量，第一种情景模拟的结果是年中和年末的数量均持续下降，年中数量由开始的 130 只变成最后的 80 只，年末由开始的 80 只变成了最后的 50 只。这与出栏率的设置有关，出栏率是固定值 0.38，这导致年末的养殖数量持续下降。说明当地牧业状况发展的趋势是数量持续下降，牧业收入也将持续下降。第二种情景模拟的结果是由于出栏率的低水平导致年中和年末的数量持续上升，直至达到牧业劳动力的养殖上限，牧业收入达到很高的水平后保持稳定，说明假若不考虑过载对牧场的影响，牧民的财富增加可以很快达到一个很高的水平。第三种情景的结果是牧业劳动力平均饲养数量持续下降到一个很低的水平然后在该水平附近振荡，这也与出栏率的震荡相关。第三种情景的年中养殖数量约 12 只，年末养殖数量约 8 只，说明在这种情景下，牧民的财富极低，养殖收入也很低，将影响到其生活水平。第四种情景结果是牧业劳动力平均饲养数量在起始阶段平稳上升达到一个相对稳定状态，平均饲养数量年中在 280 只左右，年末在 160 只左右。这与出栏率的稳定性有关。在这种情景下，牧民的财富比第一种情景和第三种情景都要高，并持续保持一个稳定的高水平。

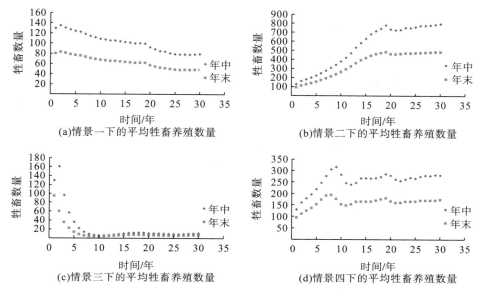

图 5.6　4 种情景下牧户年中和年末平均养殖牲畜数量时序图

5.5.3　生态系统消耗压力变化趋势

如图 5.7 所示，第一种情景的模拟结果是生态系统消耗压力小于 0.5，并保持下降趋势，到最后一年下降到了 0.3 左右。说明基于调研数据的研究区现状及其发展的趋势，其生产消耗将不会超过生态系统服务供给，生态系统不会过载。原因在于牧民养殖牲畜数量的持续下降，由此带来的生产消耗的下降。第二种情景的模拟结果是生态系统消耗压力持续上升，当压力达到 2.3 左右的时候趋于平衡，后五年趋于下降(后五年下降的原因是牧民劳动力的减少)，说明如果由牧民自由放牧而不加以限制，将导致生态系统消耗远远大于供给，最高可达 2.3 倍以上，将给生态系统带来严重的影响。由于尚未发现过度放牧与草原植被退化的量化关系，在第二种情景模拟中未反映过度放牧对草原生态系统服务供给量下降进而导致草原承载力的下降。可以预见，草原生态系统一定无法支持长期的超出承载水平的生态系统消耗压力，换言之，第二种情景描述的生产和消耗方式是不可持续的。第三种情景下生态系统所承受的压力最小，生态系统消耗压力先持续迅速下降，然后有所波动，除开始阶段外，压力始终在 0.3 以下。由于牧户严格控制养殖数量，养殖带来的生态系统压力很低。对于生态系统而言，这是最好的生态系统消耗模式，但对于牧户而言，其来自牧业的收入极低，依靠牧业收入将不能维持其生活。第四种情景模拟的结果是生态系统压力初期持上升趋势，之后始终保持稳定，压力值在 0.8 以下。这种模式下的生态系统服务消耗始终低于生态系统服务供给，可以认为是一种生态系统能够承受的消耗模式。

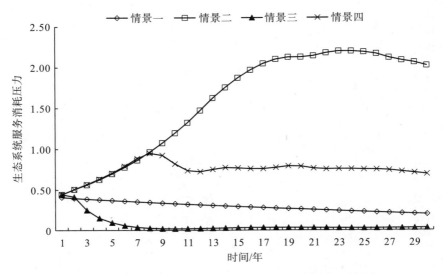

图 5.7　4 种情景下生态系统服务消耗压力变化时序图

由第四种情景可知，生态系统消耗与供给可以达到一种相对平衡态，在这种状态下既能充分利用生态系统的供给服务，又不超过生态系统服务供给的水平，从而达到生态资源可持续利用的目标。

5.5.4　牧民生活消耗

牧户的生活消耗是指牧户家庭消耗的食物量换算出的 NPP 值。计算方法依据式(5.2)～式(5.4)。模拟结果如图 5.8 所示。第一种、第二种和第四种情景的结果是牧民的生活消耗均能达到基本生活消耗水平，即其牧业收入水平可支持基本生活消耗。在后期有所下降是由于部分牧户劳动力偏少，牧业收入下降，导致生活

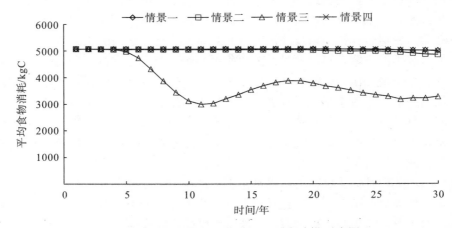

图 5.8　4 种情景下牧户 NPP 消耗变化时序图

水平稍微下降，但仍然接近基本生活消耗水平；第三种情景的结果是牧户生活消耗持大幅度震荡的态势，极不稳定，这是由于牧户为保护生态系统，降低了饲养牲畜的数量，导致牧户来源于牧业的收入很低，相应他们所能获取的生活资料也很低，生活水平下降。说明第三种情景条件下，牧户的生活受到极大影响，生活质量得不到保障。

5.5.5   牧户生态消耗的个体差异

下面根据图 5.9 所示的 4 种情景下的牧户牧场生态系统服务消耗压力分区统计结果，分析不同情景规则对牧户个体在生态消耗上的差异。

情景一的结果是牧户生态消耗压力集中在[0, 0.5]，这说明如果按照当地的畜牧业现状稳定发展下去，其趋势是每一个牧户畜牧数量持续减少，生态系统服务消耗压力持续降低。也说明情景一的规则导致牧户的决策与总体趋势是一致的。

情景二的结果是初期牧户的生态消耗压力均在[0, 0.5]，随着模型的运行，该区间的牧户逐渐减少，而生态消耗压力大于 2 的牧户逐渐增加，随着时间的演进，生态消耗压力在[0, 0.5]的牧户有少量增加，而生态消耗压力在[1, 2]的牧户在减少。同时也存在少量的生态消耗压力在其他两个区间的牧户。原因是，在前期，牧户们在现有劳动力数量的基础上不断降低出栏率，提高畜养牲畜的数量，使得其养殖数量快速达到劳动力所能承受的最高水平，这样牧户的生产消耗水平快速增加，远高于自己的草场的供给水平，每个牧户的生态系统服务消耗压力都很高，但随着时间的推移，牧户的家庭劳动力逐渐年老退休，新生劳动力部分向城市转移，这样家庭的畜养牲畜的数量就有所下降。表现在到了后期的部分牧户的生态系统服务消耗压力下降。这说明虽然在规则 2 的约束下总体保持生态系统服务消耗压力高水平，但仍然有部分牧户受到劳动力缺乏的影响，生态消耗压力下降，存在一定的个体差异。

情景三的结果是牧户的生态消耗压力均在[0, 0.5]，原因在于在这种情景下，牧户为保护生态环境，降低了养殖牲畜的数量。而当养殖数量已经很低的时候，由于基数过低，再恢复到合理的数量的时候会非常缓慢。在此期间，若牧户的生活消耗达到了基础消耗水平，牧户仍然会提高出栏率。这样牧户的出栏率始终保持[0, 0.5]，当然，这也包含了部分牧户因牧业劳动力匮乏而导致养殖数量下降的因素。这说明在第三种情景下，所有牧户都受到了规则的约束，选择的决策结果趋同，说明第三种情景规则约束范围最广。

情景四的结果是初期牧户的生态消耗压力均在[0, 0.5]，模型运行后，该区间的牧户迅速减少，生态消耗压力在[0.5, 1]的牧户迅速增加，而随着时间的演进，牧户生态消耗压力在[0.5, 1]、[0, 0.5]、[1, 1.5]三个区间分布，并保持一个相对稳定的比例关系。位于[0.5, 1]区间的农户占大多数，位于[0, 0.5]，[0.5, 1]区间的农户数量处于绝对优势，而生态消耗压力大于 2 的农户数量为 0。这种现象是由于在情景四的规则下，当生态系统服务消耗压力超过 1 时，牧户会主动提高出栏率，但是调整的幅度相对第三种情景比较平稳（$\geqslant 1.2 \times \mu_{avg}$），所以当生态系统服务消耗压力小于 1 后，牧户很快可以提高畜养牲畜数量，达到相对稳定的水平。根据模型运行结果，在整个动态变化的时间序列里，所有的牧户的牧场生态系统服务消耗压力都不会维持在 1 以上，更不会超过 2。说明在这种情景条件下牧民的调整对于生态系统是积极和有利的。情景四规则下农户 agents 的个体差异最大，说明农户 agents 对情景四规则响应最活跃，这更说明了情景四的合理性。

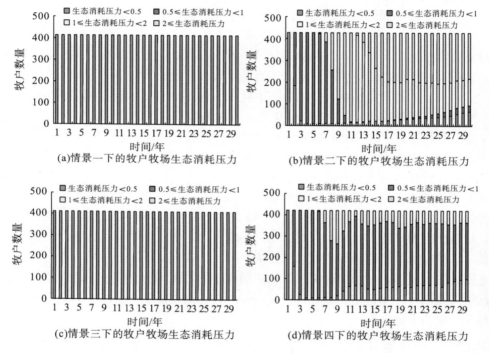

图 5.9   4 种情景下牧户牧场生态消耗压力区间统计时序图
（尝试用每 5 年的生态压力空间分布图表示）

5.6   本 章 小 结

保持社会-生态系统可持续发展是一个非常复杂的问题。特别是在脆弱生态区，社会系统的发展和生态系统的保护是一对矛盾，如何找到恰当的可持续管理策略同时兼顾二者的平衡是一个难题。当前社会-生态系统管理与评价研究一般采用建立数学模型，通过模型计算得到结果，但这种静态的模型很难反映实际的社会生态系统耦合作用状况和演进过程。本章采用 ABM 方法建立了生态系统服务消耗多主体模型并应用该模型实现对研究区社会生态系统的相互作用机制和演进过程的多情景模拟。本章设置了 4 种模拟情景,分别是现状模拟、以提高生活水平为目标的模拟、以生态保护为目标的模拟和以生态保护和提高生活水平兼顾为目标的模拟。同时为 4 种情景设置了不同的阈值和参数,并分别进行了多次模拟。模拟结果表明,从生态系统服务的 NPP 供给与消耗的视角来衡量,研究区的社会-生态系统可以达到一种可持续发展模式,这种模式即是生态系统合理消耗的生态模式(情景四)。在该模式下,生态系统的压力、NPP 的供给、牲畜的牧草消耗、牧民的财富拥有量、牧民的生活水平均可达到一个合理的可持续的水平。这种模式是在传统的放养模式基础上的改进,通过生态补偿[45 元/(a·hm^2)]促使牧户控制其出栏率,保证畜养牲畜的消耗接近但不超过其草场的 NPP 供给量。在这种模式下,草地生态系统既得到了应用,又得到了保护;而牧民的收入也持续增加,牧民食物营养水平也得到保证。根据研究结果,在现实的生态系统管理中,可以制定相应的管理制度来保证牧民能够保持这种生态系统合理消耗的生产模式,从而达到研究区社会-生态系统的可持续发展。

本研究结果是在文中设定的相对独立的空间中得到的。事实上,生态系统消耗压力受土地、气候、政策、劳动力、人口、经济环境等综合因素的影响。因此,现实中的生态系统消耗压力平衡态的数据与模型结果相比有一定的区别。如果将这些因素都叠加到模型中,模拟结果将更接近于现实。但是情景条件设定将变得极为复杂,也需要更多的数据来支持。

近年来,草原严重的退化、沙化、盐渍化,以及由此引发的诸多环境问题引起了普遍的担忧。到 2003 年,呼伦贝尔市退化、沙化、盐渍化草原总面积达 399.3 万 hm^2,占可利用草场面积的 47.9%。优良牧草的比重呈阶梯状下降,沙漠化土地面积为 88 万 hm^2,其中固定沙地面积 78 万 hm^2,占沙漠化土地面积的 89%。这说明草原生态系统遭到持续性的破坏,部分地区甚至无法修复;也说明当地畜牧业的发展模式的不可持续性。草原畜牧业在其发展过程中不可避免地受到各种环境条件的影响,同时它也以自己的发展影响着环境和其他经济体。随着牧区人口的增加,人均资源量减少,草原畜牧业的发展越来越受到资源和环境的约束。草原供给的不足,提高了资源的价格,草原容量的不足和草原破坏的加重,提高了畜牧业发展的成本,这些都将使草原畜牧业发展产生波动,阻碍草原畜牧业的可持续发展。

为保护草原生态环境,党中央、国务院相继实施了多种草原生态补偿和奖励机制。这种制度虽然在保护草原生态方面产生一定的积极影响,也有部分牧民得到了真正意义上的实惠,但同时出现了牧民生活水平下降、资金利用不当或效率低下、牧民债务加重、懒人增多等现象。其主要原因是:一方面由于牧民生产规模缩小,即可利用草场面积缩小,牲畜头数减少而收入水平下降,虽然得到一定额度的补助和奖励,但仍不能达到自己经营所能获得的收入水平;另一方面绝大多数牧民普遍受教育程度偏低，大多只有小学或者初中文化水平，且常年在牧区成长、生活，非牧劳动技能较低，外出打工十分困难，只能从事一些劳动技能要求不高的低收入的体力劳动。牧民对自己生活问题的忧虑没有得到解决，所以牧民还是想方设法通过增加牲畜饲养数量来提高生活质量。不仅如此，随着社会经济水平的发展，牧民的生活消费需求也有显著的变化。调查发现，区域居民的食物和燃料消费比 15 年前有所增加；食物的消费倾向于种类多元化、营养均衡化发展；燃料消费倾向于使用便捷的、新型的能源如煤、天然气和电等。面对广大牧民的切身利益，如何设计科学合理并有效率的草原生态保护与建设的制度是重大课题。草原保护与草畜平衡制度需要建立在对草场动态和牧民行为的充分考虑基础上，需要侧重于对生态系统的弹性管理，通过对草原生态系统的科学管理达到牧民生活质量和草原生态系统质量均衡发展。

当前国内外进行生态保护的主要措施是对被保护区域的居民进行生态补偿，给予直接的资金补偿或间接的移民、安排工作机会等补偿。在内蒙古草原区域，实施的政策策略有直接的资金补偿[45元/(a·hm^2)]，包括休牧、禁牧舍饲等，也有生产模式的调整，如鼓励饲养奶牛、建立奶牛村等。这些都需要政府进行资金和养殖技术上的支持，给政府带来很大的压力。根据本章对当前政策的模拟结果(情景一)，在当前条件下，研究区的生态系统压力正常，牧民的生活水平也能达到基础消耗水平。就其发展趋势而言，研究区未来草地生态系统的压力将持续下降，将有一个好的生态环境；牧民的生活水平在短期不受影响，但是牧民的财富积累也将持下降态势，其收入将越来越依赖政府的生态补贴。因此，当前政府的草地系统管理策略从长期而言难以达到社会-生态系统的平衡发展。

但是，放开对草地系统的管理带来的后果将是灾难性的(情景二)。无序的不受限制的畜牧行为将给草原生态带来巨大的压力，虽然牧民的财富增加受到劳动力畜牧能力的限制，但是总体的生态系统消耗压力值能够达到 2.3 倍左右，远超过草地的畜牧承载力，显然是不可持续的。当然，在此情景下牧民的财富增加迅速，并达到一个可观的水平，但是，这种财富积累的过程显然是不可能出现的，畜牧过载而引起的草地严重退化将使这种增长中止并急剧下降。因此，政府需要对牧民的放牧行为进行科学管理，防止出现草地过载和退化的情景。

当然，极端的生态系统保护策略亦不可取(情景三)。由模拟结果可以看出：生态保护优先的策略固然保护了生态环境，但是将严重影响当地牧民的生活水平，其消费水平将因为生态系统保护行为而产生剧烈变化，在现实中这种过于苛刻的保护行为也会降低牧民的生态保护积极性。虽然政府可通过生态补贴的形式尽力补偿牧民的损失，但是这种补贴水平与牧民的实际生活水平的需求还有差距，而如果给予更高的生态补贴将加重政府的经济负担。因此，过于注重生态保护的管理策略也达不到社会-生态系统可持续发展的目的。

那么，社会-生态系统能否实现可持续发展呢？就研究区而言，社会-生态系统完全可以达到一种可持续发展的状态(情景四)。此时,生态系统的服务和消耗可以达到一个相对平衡态,在这种状态下,牧民可维持稳定的财富积累水平,可达到基础生活消耗水平并保持相对稳定,而其牧场的生态消耗压力亦可保持一个相对较低的水平。从图中可以看出,个体根据自己牧场的压力状态进行调整,大部分牧户的生态系统消耗压力保持在[0.5,1]。可见在这种情景下,研究区的生态系统可长期保持良好状态,并具较灵敏的适应性调节能力。与前面三种情景的结果比较,第四种情景的生产方式是可持续的。这种情景下的消耗模式即是要寻找的生态系统合理消耗模式。

通过什么样的管理策略才能够实现上述第四种情景的消耗模式呢?从第四种情景的设定条件可以看出:以草地生态系统的生态系统服务供给量为基线,在生态系统服务消耗不超过供给量的前提下,可适当增加养殖牲畜数量以增加牧户收入,通过控制出栏率的方式对饲养数量进行动态调控,保持对生态系统消耗压力的低水平。出栏率既反映了当年的牧业收入,也反映了年底养殖的牲畜规模,进而反映了下一年的产仔规模,是一个反映生态消耗变化的高灵敏度指标。出栏率阈值的设置决定了情景目标实现的程度和速度。除文中为每种情景提供的阈值外,还对每种情景能够采取的其他阈值做了模拟,通过比较发现存在其他的阈值设定,使得模拟结果达到情景设定的目的,文中所选的情景阈值相对于这些阈值,其模拟结果更显著。

在管理策略上,控制出栏率并不一定必须通过休牧、禁牧舍饲或建奶牛村的措施实现。因为模拟结果显示(情景四),在可持续消耗状态下,生态系统消耗压力保持在 0.8 左右,此时的牧业劳动力平均畜牧数量年中约为 280 只,年末约为 160 只。牧户的收入已经可以保证其生活所需。在保持生态系统可持续的前提下,研究区的生态系统服务供给量已经可以满足牧户的消耗。此外,已有研究结果表明,保持一定的放养数量对于草地生态系统的健康发展有益。因此,综合本章研究结果,建议在研究区可采取放养模式、通过技术手段甄别牧场的生态系统服务供给量,帮助牧户控制出栏率以保证牧户的草地质量,通过技术培训提高牧户养殖水平,通过提高放养牲畜的质量来提高牧民收入,通过生态补偿进一步改善其生活水平等一系列管理策略实施生态系统管理,实现社会-生态系统的可持续发展。

第6章 多主体模型对南方农业种植区的耕种变化模拟的实证研究

6.1 研 究 背 景

从我国的现状来看，生态比较脆弱的地区一般也是资源利用问题比较突出的地区，资源开发与环境污染的矛盾比较突出，面临着发展抑或保护的两难选择。为促进人与自然和谐发展，解决脆弱生态区发展与保护矛盾问题，国家相继出台了退耕还林还草、退田还湖、退牧还草、禁牧、休牧、禁渔、禁伐等一系列生态保护和生态补偿措施。这些措施取得了很大的成功，但也存在着一些问题。因此，很有必要考察这些政策措施的过程及结果，以便为国家下一步政策的制定和实施提供智力支持。当然，已经有学者对这一问题进行了一定深度的研究，但是这些研究主要从宏观角度关注了生态的改善和居民生活水平的提高，而对于当地居民对于政策的响应及其资源利用方式转变的原因缺乏深入的探讨，特别是对居民与政府机构，居民与资源、环境、发展动态交互的过程没有足够的关注，而在这些过程中却蕴含着政策措施实施的效果及其反馈。因此，有必要从居民这一资源、环境作用的微观个体出发，研究居民、政府、资源、环境的互动关系，探索其内部及相互间演化作用的机理，这样不仅能够深入研究政策措施的实施情况，亦可预测下一轮政策调整的内容和结果。

本章所选择的研究区域——鄱阳湖区是一个典型的生态脆弱地区（《鄱阳湖研究》编委会，1988）。鄱阳湖区包括南昌、新建、进贤、余干、鄱阳、都昌、湖口、星子、德安、永修及九江市 11 个县市。共计面积 19761.5km²，其中鄱阳湖地处长江中下游南岸，是我国最大的淡水湖，它承纳赣江、抚河、信江、饶河、修河五大河，流域面积 16.2 万 km²。它发挥着巨大的调蓄洪水和保护生物多样性等特殊生态功能，被誉为中国最大的"大陆之肾"，是我国十大生态功能保护区之一，对维系区域和国家生态安全具有重要作用。鄱阳湖湖区不仅有丰富的水生生物资源，而且湖滩洲地的生物资源也比较丰富。鄱阳湖是国际重要湿地，鄱阳湖的环境和气候条件均适合候鸟越冬，是国家级自然保护区，是世界上最大的鸟类保护区，被称为"白鹤世界""珍禽王国"。鄱阳湖平原河网稠密，小湖泊众多。平原上稻田、菜畦、鱼塘、莲湖纵横交错，是江西省的粮仓和棉花、油料、生猪等生产的重要基地。鄱阳湖区的生态环境对江西省乃至整个长江中下游均产生重大影响。

　　然而相当长时期以来，鄱阳湖区的生态环境却在日趋恶化，湿地资源锐减，系统稳定性和生产力降低，洪涝等自然灾害频繁，从而成为制约区域社会经济发展的脆弱生态环境。鄱阳湖区脆弱生态环境的形成与演变，是其独特的自然条件和人类长期开发利用自然资源相互作用的结果。由于鄱阳湖区涉及面积大，区内自然条件和社会经济条件存在较大差异，其自然条件包括地形、水文、地质、植被、土壤等多种脆弱潜在因素。这些脆弱潜在因素，在人们不合理的干扰活动诱导下，会加速脆弱潜在因素发生作用，导致脆弱生态环境的形成。因此，应当通过政策措施引导鄱阳湖区的居民合理开发利用鄱阳湖区的各类资源，从而达到该区的社会发展、资源利用与自然环境和谐的目的。

　　为此，本章在创建人工社会模拟平台的基础上，以鄱阳湖区为实例，建立具有地理系统特征的人工社会模型，从个体人出发，发现个体活动的规律及其对环境的影响，观察政策措施在个体活动过程的响应机制及其在总体上的表现，从而获取政策措施的实施状况，并通过捕捉不同条件下的个体行为决策的变化来预测未来政策措施的实施效果，为国家保护人与自然和谐发展提供技术支持。

6.2　研究区概况与数据采集

6.2.1　研究区概况

1. 鄱阳湖区水土资源及气候状况

1）土地资源及其特征

　　鄱阳湖区地处长江中游红壤丘陵地带，区内地貌类型齐全，由农田、水域、森林、湖滩草洲、沙洲裸地、城镇工矿等子系统构成，是一个完整的水陆相生态系统。全区土地总面积为 19711.8km^2，其中平原约占 29.02%、岗地约占 29.91%、丘陵约占 12.25%、山地等约占 9.45%、水域约占 19.37%。地貌类型具有鲜明的特色：

　　(1) 各种土地类型齐全，并呈环状分布，外环是山地，中环是丘陵岗地，内环是滨湖平原，环心是鄱阳湖；

　　(2) 鄱阳湖是吞吐型过水性湖泊，"汛期茫茫一片水连天，枯期沉沉一线滩天边"，形成了独特的鄱阳湖湖滩草洲生态系统和湿地环境；

　　(3) 滨湖平原土质肥沃，使本区成为全国农业生产重要基地；

　　(4) 区内低丘岗地资源集中连片，土质肥沃，适宜农业规模开发；

　　(5) 鄱阳湖水系是一个辐聚状向心网络，又以一口通长江，组成了四通八达的航运网；

　　(6) 各种地貌类型相映生辉，风景秀丽，形成了鄱阳湖综合旅游区。

2）水资源及其特征

鄱阳湖是过水性湖泊，过境水径流的年际和年内变化都很大。湖口入长江的年最大水量为 1973 年的 $2343 \times 10^8 m^3$，年最小水量为 1963 年的 $575 \times 10^8 m^3$，最大值为最小值的 4.08 倍。月最大入湖水量出现在 6 月份为 $306.5 \times 10^8 m^3$，占全年的 21.04%，月最小入湖水量出现在 1 月份为 $38.43 \times 10^8 m^3$，仅为全年的 2.64%，6 月份水量是 1 月份的 7.98 倍。入湖水量主要集中在 4～7 月份，4 个月份水量之和占全年的 66.0%。

天然状态的鄱阳湖对长江水量调节功能不大，不适时。在高水位 21.69m 时，鄱阳湖容积可达 $252 \times 10^8 m^3$ 时，然而由于它是一个天然的吞吐型湖泊，当长江汛期需要向鄱阳湖分洪时，鄱阳湖几乎已积满水，能供分洪的水量有限。1950～1984 年的 35 年间，除 1950 年、1954 年、1972 年、1977 年外的 31 年，鄱阳湖都接纳长江水入湖共 86 次 478 天平均每年 2.46 次 14 天，纳水量 $25.22 \times 10^8 m^3$，纳水量最小的是 1955 年的 $0.1 \times 10^8 m^3$，最大的是 1958 年的 $93.80 \times 10^8 m^3$。所以，人们都认为鄱阳湖是长江水量调蓄器。值得注意的是鄱阳湖接纳长江来水时，湖口水位超过 19m 仅 2 次，即 1983 年的 50.10m 和 1969 年的 19.77m，而 94.2% 的次数发生在以下。然而，湖口的防洪警戒水位为 18.5m，可见鄱阳湖对削减长江的作用是不大的、不适时的。

根据鄱阳湖水质调查，湖水 pH 年平均值 7.0～7.6，溶解氧 6.9～8.3mg/L，化学耗氧量 1.1～1.8mg/L，生化需氧量 1.14～2.27mg/L，酚 0.001～0.005mg/L，氰化物 0.001～0.004mg/L，砷 0.001～0.005mg/L，油类 0.019～0.113mg/L。从以上各指标评价来看，目前鄱阳湖全湖总体水质良好，但是湖水中重金属铜、锌含量有超过渔业水质标准的现象发生。

3）气候资源及其特征

鄱阳湖区位于 28°11′N～29°51′N，地处亚热带，气候温暖，光热条件良好。年平均太阳辐射总量 $468 \times 10^3 J/m^2$，在江南地区属高值之一。年平均日照时数 1850～2110h，高于同纬度的洞庭湖区。作物生长量条件又好于太湖地区，年平均气温为 17.5℃无霜期 262 天。受亚热带季风影响，年平均降水量达 1482mm，且 46.3% 分布在 4～6 月份，水热基本同期，利于喜温性植物的生长和种植亚热带林木，农作物可一年三熟，复种达 48%。

2. 社会经济状况

近半个世纪以来，鄱阳湖区社会经济发展有了巨大进步，是历史上经济发展最快的时期。农业生产力明显提高，农民收入不断增长，湖区群众在正常年景具备了解决温饱问题的能力。工业"一穷二白"的面貌明显改善，具备了一定的工业基础。人口素质有很大提高，科技文化教育成绩显著，失业率明显降低。但是，和其他地区相比，湖区的经济发展还有待提高。

从表 6.1 可以看出，鄱阳湖区的农业在国民经济中占有很大的份额，除九江县和南昌县外的其他县的工业和第三产业均不发达。农业就业人口在总就业人口中占 50%以上。农民的人均收入较低，在 2000～5000 元，余干和鄱阳两个农业县的农民人均收入最低。因此，增加农民收入，改善农民的生产和生活条件，是鄱阳湖区目前最重要的任务。

表 6.1　2007 年鄱阳湖区分县社会经济数据

指标	总计	德安县	庐山市	都昌县	湖口县	南昌县	新建区	九江县	永修县	余干县	鄱阳县	进贤县
土地面积 /km²	19919	927	719	1988	669	1839	2338	911	2035	2331	4215	1947
乡(镇)个数	192	13	10	24	12	16	19	12	15	20	30	21
总人口 /万人	712	22.6	25.2	78.3	28.5	94.0	70.1	33.6	37.2	94.0	149.3	78.8
乡村人口/万人	589	11.1	21.0	67.2	22.4	72.7	58.8	28.0	27.7	84.9	129.5	65.7
总户数 /户	1995147	40260	67647	228548	82028	267480	183786	116037	122437	260450	393212	233262
乡村户数/户	1364339	27394	49504	159947	54201	177257	118581	65430	69759	182853	300030	159383
单位从业人员数/人	333413	14156	10522	27814	16746	62309	35802	21584	25868	31965	64661	21986
乡村从业人员数/人	2916123	55896	101198	328749	108994	359096	285447	139442	139217	415112	643270	339702
农林牧渔业/人	1591748	30255	47343	162238	59700	223699	208479	73730	93722	232058	295140	165384
生产总值 /万元	6508584	205540	152372	270003	237230	1842982	1150166	247103	365673	413060	515812	1108643
第一产业增加值/万元	1370121	26708	34422	79650	51081	276651	224278	56845	71611	155780	172163	220932
农业 /万元	588037	11512	10141	34572	25721	126595	98167	30955	33918	51431	82544	82481
林业 /万元	22145	3310	1642	381	975	1043	3141	1772	1794	2234	3512	2341
牧业 /万元	313370	8785	6542	12099	7982	88279	62612	6953	11341	32226	26764	49787
渔业 /万元	421003	2726	15837	32354	16147	55133	55978	16524	22688	67881	53005	82730
第二产业增加值/万元	3329992	135512	61830	95852	138885	1134681	536111	139023	205026	154366	161393	567313
第三产业增加值/万元	1808471	43320	56120	94501	47264	431650	389777	51235	89036	102914	182256	320398
财政总收入/万元	449569	20149	16537	21614	23002	136359	63871	26217	40069	32513	30018	39220

续表

指标	总计	德安县	庐山市	都昌县	湖口县	南昌县	新建区	九江县	永修县	余干县	鄱阳县	进贤县
农作物总播种面积/hm²	1007059	14859	19984	88716	37554	168328	129480	33341	52135	136958	189919	135785
粮食作物播种面积/hm²	676238	6155	12761	60549	17964	120501	96924	11519	30569	99800	138536	80960
稻谷/hm²	630400	5373	10477	51665	16859	119144	91930	9536	28359	93471	131347	72239
粮食总产量/t	3960194	36629	73804	360861	94051	802996	630685	60638	194023	559285	710347	436875
稻谷/t	3816849	34335	65512	311760	91168	797863	613704	55338	187391	539996	695013	424769
水产品产量/t	662937	5023	24010	67013	30085	111500	67249	35242	40000	65513	123300	94002
城镇在岗职工工资总额/万元		17720	13269	32411	22943	109931	54187	30106	31841	33780	80035	32129
农村居民人均纯收入/元		3988	3688	3044	4151	5225	4798	4086	4219	2171	2098	4813

来源：2008年江西省社会经济统计年鉴。

3. 鄱阳湖区退田还湖实施状况

1995～2000 年，在退田还湖政策的驱动下，鄱阳湖圩堤内耕地面积明显减少，湿地面积大幅增加。同时，还出现了建设用地面积出现净减少的现象，这是快速城镇化进程中土地利用变化的罕见现象，说明退田还湖政策对圩堤内的城镇建设起到了明显的抑制作用，移民建镇的成效在土地利用上也得到了显现。但在 2000 年以后，退田还湖政策对土地利用的影响有弱化的趋势。2000～2005 年，鄱阳湖区出现了湿地大面积转变为耕地的现象。

2003 年以来，国家相继出台了旨在保护耕地、提高农民种粮积极性、保障国家粮食安全的一系列农业政策。粮食直补、良种补贴、保护价收购粮食等一系列惠农政策确实调动了农民种粮的积极性，粮食种植开始有利可图。随着农村土地流转的增强，湖区大面积耕地逐渐集中到少数"种粮大户"进行集约粮食生产，种粮效益大为提高。在经济利益的驱使下，20 世纪 90 年代末期以来一直撂荒的耕地逐步恢复耕种，圩堤内大量湿地也被开垦为耕地利用。可见，国家对耕地、粮食和农业相关的各项政策及由此带来的农业经济形势(种粮收益)变化对整个鄱阳湖区土地利用变化的影响更为深远。

鄱阳湖退田还湖的"双退"效果在 2005 年汛期的表现不容乐观，实际双退面积与规划双退面积有较大差距，退田还湖实施成效并不显著。由于鄱阳湖区实施退田还湖巩固工程以后，连续 3 年没有遇到较高水位的洪水，因而退田还湖成效在 2005 年以前并未得到实际检验。2005 年鄱阳湖最高水位达到 18.98m，超过双退圩堤进洪水位(18.50m)达 7 天之久。通过遥感影像对比与 GIS 分析，计算出实际发挥效用的双退圩堤面积为 3858hm²，仅占规划双退面积(18847hm²)的 20.47%。在这些得到检验的双退圩堤内部，耕地呈明显减少的趋势，由 1995 年的 63%变为 2005 年的 30%；与此相反，双退圩堤内的湿地面积比例呈明显增加的趋势，由 1995 年的 26%提高到 2005 年的 62%。退田还湖的实际成效不容乐观。

鄱阳湖区实施"单退"的退田还湖圩堤具有较强的蓄洪能力，在未来高洪水位时将发挥蓄滞洪区的作用，但其蓄洪代价依然较大。以 2005 年实际土地利用为基准，并假定规划实施单退的圩堤都能发挥作用，设置 20.5m、21.5m 和 22.59m 三个洪水位情景，对鄱阳湖洪水期单退圩堤按规定进洪后，增加的蓄洪面积和蓄洪容积、可能淹没的不同土地类型面积进行了估算，并估算了圩堤进洪对粮食生产和水产养殖可能造成的损失。研究表明，在三种洪水情景下，鄱阳湖将增加蓄洪面积分别为 17325hm²、57198hm² 和 65573hm²，分别增加蓄洪容积 1426×10⁴m³、205545×10⁴m³ 和 349175×10⁴m³。这是不同洪水情景下单退圩堤的蓄洪收益。在三种洪水情景下，鄱阳湖单退圩堤内将分别有 13468hm²、57198hm²、64101hm² 土地被淹没，其中淹没耕地分别为 9355hm²、36465hm² 和 40841hm²，进洪后分别造成粮食减产 48646t、189618t 和 212373t，分别占鄱阳湖区全年粮食总产量的 2.09%、8.15%和 9.13%，粮食减产损失分别为 6810.44 万元、26546.52 万元和 29732.25 万元(设定仅造成单季稻绝收，若双季稻绝收，上述数字加倍)。对鄱阳湖区粮食安全构成一定影响，对单退圩堤区农户层次上的粮食安全构成严重影响。另外，三种情景淹没养殖水面将分别为 1347hm²、7602hm² 和 8533hm²(设定圩内水面养殖率为 50%)，养殖损失分别为 4620.21 万元、26073.15 万元和 29268.19 万元。若将上述稻谷减产和养殖减产的损失之和作为单退圩堤蓄洪损失的保守估计，三种情景下，单退圩堤的进洪损失分别为 11430.65 万元、52619.67 万元和 59000.44 万元，这是不同洪水情景下单退圩堤的蓄洪成本(姜鲁光，2006)。

6.2.2　数据采集

本章的基础数据有两个来源：一是政府统计公报、统计年鉴，二是研究组的实地调查数据。

本书收集了鄱阳湖区 12 个县市从 1981 年至 2005 年的统计数据，统计指标涉及人口、经济、农业投入产出情况等诸多方面，具体指标包括国内生产总值、乡村人口、乡村劳动力、农作物总播种面积、主要农产品价格、粮食总产量、耕地面积、人均粮食占有量、人均国内生产总值等指标。统计数据来自"中科院鄱阳湖生态补偿信息系统(根据国家统计局社调队 2006 年社调数据制作)"及历年的江西省统计年鉴，在引用前对统计指标进行归一化处理，使指标具有可比性。

为收集数据，课题组分别于 2007 年 1 月、2008 年 4 月进行了两次农户问卷调查。两次调查涉及新建、永修、德安、星子、都昌、湖口和鄱阳 7 个区/县 12 个乡镇共计 17 个行政（自然）村，共抽样调查了 463 户，总计 2197 人。2008 年 7～8 月又进行了一次回访补充调查，并就一些问题与当地涉农政府机构、村乡基层干部、典型农户开展了详细深入的访谈。

调查以问卷调查为主，并结合访谈、小型座谈会等形式进行。问卷内容具体分为四部分：第一部分为农户的基本情况，包括家庭人口数、家庭成员的性别、年龄、职业、文化程度等方面；第二部分为承包土地的基本情况，包括承包地数量、租入租出亩数、地块数、种植品种、农产品产量等内容；第三部分为农业的投入与收益，比如农业投入成本、农产品毛收入、主要农资价格、粮食收购价等；第四部分是对国家相关涉农政策的了解和认识等。

在调查中共发放问卷 500 份，最终有效统计问卷 463 份，回收率占 92.6%。

6.3   农户行为特征分析

6.3.1   农村劳动力特征分析

从受教育程度的差异分布来看，高学历人口（大学及研究生学历）中从事农业生产的人数只占总数的 4.95%，而初中以下学历人口中从事农业生产的人数占总数的 93.65%；低学历的人口从事农业生产的比例较大，而学历稍高一点的人口中外出打工的比例大。这表明具有较高学历的农民在外地的求生技能一般要比学历低的强，能在外地找到工作并稳定下来的概率也大。此外，调查也表明外出打工的青年人认为，只要满足必要的生活条件，他们愿意选择常年在外甚至永久在异地安家落户。

从不同年龄段的劳动力数量分布情况来看，目前的适龄劳动力处于优势地位，呈现出两头小、中间大的态势。其中 16～30 岁的青年尤为集中，而 0～15 岁的儿童及 65 岁以上的老人相对较少。说明由于计划生育政策的实施，农村新生儿处于下降态势。而随着教育事业的全面普及，青少年受教育水平越来越高，从事农业生产的农村人口将会越来越少。

从农村劳动力就业地点的差异来看，主要职业为农业生产和外出打工，这两种职业类型占所有 21～65 岁人口总数的 81.00%。这两种职业类型在年龄段上的分布也有明显不同。年轻一点（21～45 岁）的劳动力多选择外出打工，这占所有外出打工劳动力人口总数的 85.24%。而年长一些（46～65 岁）的劳动力则多选择从事农业生产，这占所有农业劳动力人口总数的 56.35%。其中在 31～45 岁区间内，外出打工人口急剧减少，而从事农业生产的人口则在迅速上升。说明这个年龄段的劳动力人口正处于在家务农或外出打工这两种决策选择的转化过程中，并在36~40 岁这个年龄段达到拐点。45 岁以后的农民工若无一技之长较难在城市生存必须回到村里从事农业，65 岁以上的人口则基本丧失劳动能力赋闲在家。调查中发现还有 75 岁以上的老人在家从事简单的农业劳动，并以耕地的出租金和子女的赡养费为主要生活来源。

6.3.2　农户收入水平及土地流转状况分析

农户的家庭总收入分为农业收入和非农业收入。农业收入指从事农林牧渔生产得到的收入，非农业收入则指来自外出打工、个体私营或社会服务如公务员等非农业工作的收入。从调查的情况来看，年人均收入高于 5000 元的农民有 33.3%，3000~5000 元占 29.6%，低于 3000 元占 37.1%，基本上代表了鄱阳湖地区的平均水平。农业收入占家庭总收入的比例每家不同，但其在一个家庭总收入中所占比例小于等于 20%的农户数已经达到 58.18%。

农户耕地流转行为受家庭特征、家庭经济、资源禀赋等多方面因素的影响，非农就业的机会越大，耕地转出的意愿就越强；家庭人均年收入及非农收入比重的提高，也有利于耕地的流转。在本次耕地流转情况的调查中，除去无地农户和调查数据不全的农户外，有效样本数达 423 户。全部被调查农户的承包耕地总面积为 213.83hm^2，其中流出的耕地面积为 82.57hm^2，占耕地总面积的 38.6%。在所调查的 423 个有效样本中，无流转情况的农户有 257 户；在有流转行为的农户中，单纯流入的有 114 户，单纯流出的有 48 户，二者皆有的有 4 户。在农业收入占家庭总收入的比例低于等于 20%的所有农户中，没有土地流转情况的农户占 65.4%，但在有土地流出行为的农户中，农业收入占家庭总收入的比例低于等于 20%的农户数占到 83.3%。可见非农收入的比重是影响土地流转的一个重要因素。

6.4　模型构建与情景模拟

6.4.1　LUC-ASM 模型机理

应用人工社会模拟平台，建立土地利用变化人工社会模型(artificial society model of land use change，LUC-ASM)。LUC-ASM 模型采用基于主体模拟的建模方法来构建。模型中的 agents 有两类，一类是农户 agents，代表一个家庭单位；另一类是个体 agents，代表家庭成员。这些 agents 的行为遵循社会经济规律及国家法律政策。模型的运作机理蕴涵于 agents 的状态变换和决策机制中。通过分析实际社会调查基础数据，获取了与现实相符合的 agents 运行规则。

1. 个体 agents 的状态变换

在 LUC-ASM 模型中，个体 agents 的状态分为被抚养的儿童及少年、大学生、从事种植业的农民、城市灵活就业者(包括农民工)、城市稳定就业者和被赡养的老人。这些 agents 的状态在一定条件下可以相互转换，具体转换情况如图 6.1 所示。

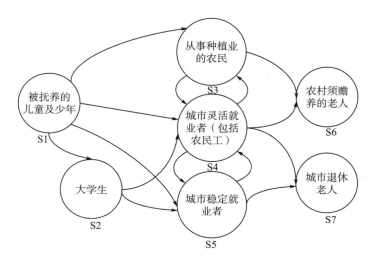

图 6.1　agents 的状态变换图

决定这类 agents 状态变换的条件具体如下。

S1→S2：高中毕业考上大专院校。

S1→S3：年满 18 岁，未受到高中教育的按一定的概率成为从事农业生产的农民。

S1→S4：年满 18 岁，受到过高中教育未考上大学的青年、受到过中专教育按一定的概率进城打工、未受到高中教育的按一定的概率成为从事农业生产的农民。

S1→S5：年满 18 岁，受到过中专教育按一定概率成为国有企业、事业单位的员工。

S2→S4：大学毕业后按一定的概率成为城市灵活就业者。

S2→S5：大学毕业后按一定的概率成为城市稳定就业者。

S3→S4：受到社会经济环境影响或自身条件变化而放弃种地，进城打工。

S4→S3：受到社会经济环境影响或自身条件变化而放弃打工，返乡种地。

S4→S5：受到高等教育的 agents 按一定概率转变成稳定就业者。

S5→S4：受到社会经济环境影响或自身条件变化按一定概率转变成灵活就业者。

S3→S6：年龄超过 65 岁，丧失劳动能力者。

S4→S6：年龄超过 65 岁，丧失城市打工能力的农民工。

S4→S7：年龄超过 60 岁，文化水平较高，长期在城市打工的劳动者。

S5→S7：年龄超过 60 岁，退休的劳动者。

2. 个体 agents 的主要经济活动与决策

这类 agents 的活动主要包括学习、生产、消费等。在学习期间（小于 18 岁）agents 主要处于被抚养的状态，需要家庭提供学习费用；年龄偏大时（大于 65 岁），agents 丧失劳动能力且需要由家庭和社会来赡养；在处于成熟劳动力期间（18～65），agents 有能力也愿意参加劳动，创造价值。所有的个体 agents 都需要消费，包括粮食和现金。

个体 agents 的主要经济活动是参与劳动生产。本章中的 agents 首先满足一个假设条件，就是 agents 是微观经济理论中的"经济人"，即在一切经济活动中其行为或决策都是合乎理性的，以最小的经济代价追逐和获得自身最大的经济利益。因此，不论是个体 agents 还是农户 agents，他们在做决策时总是将获取最大效益作为判定条件。在此条件下，他们将根据自身的实际情况和所获取的信息决定自己是种田还是打工。

如果某一 agent 选择种田，那么他的单位地块经济收益为

$$P_i = PC_i \times Y_i - C_i - R + A \tag{6.1}$$

式中，P_i 为可预测的种植第 i 类作物的利润；PC_i 为第 i 类作物的市场均价；Y_i 为第 i 类作物的收成；C_i 为单位地块的生产成本（包括劳动力和农资投入）；R 为该地块的地租；A 为单位田块可得到的政府补贴。

假设某一 agent 在所有田块中种植的都是第 i 类作物，那么他的种田总收益为

$$P = nP_i - L \tag{6.2}$$

式中，P 为总收益；n 为田块单元数；L 为该 agent 的生活成本。

如果某一 agent 选择打工，其经济收益为

$$P = 12S - L \tag{6.3}$$

式中，P 为总收益；S 为打工月薪；L 为该 agent 的生活成本。

每个 agent 的月薪 S 与 agent 本身的年龄、性别、学历、经验等有关，可采用以下公式来计算：

$$S = S_{\text{上年平均}} \times (1+\alpha_1) \times (1+\alpha_2) \times (1+\alpha_3) \times (1+\alpha_4) \times (1+\beta) \tag{6.4}$$

式中，$\alpha_1 \sim \alpha_4$ 分别为该 agent 的年龄、性别、学历和经验影响因子；β 为随机干扰项。如果仅是简单的决策，那么对于一个个体 agent，他只需要在打工和种田总收益之间进行比较即可做出从事哪种工作的决策，但事实并非如此。首先他要考虑工种转换的机会成本；其次还要考虑每个 agent 不同的工作能力，是擅长种田还是擅长打工；再次还需要考虑年龄和学历等个人因素，如年轻的更喜欢外出打

工，而年长的则不太喜欢移动；最后还要考虑家庭状况，如劳动力数量、需要抚养的儿童和赡养的老人数量等。

3. 农户 agents 的社会经济活动与决策

农户 agents 的属性有家庭成员个体 agents、土地、粮食收入、现金收入、粮食储量和银行存款。农户 agents 参与重大的社会活动和家庭经济活动，主要体现在家庭成员的增减及家庭粮食和现金的增减上。他们的具体活动内容如下。

(1) 响应国家政策：对于国家和地方政策的调整做出积极响应。如对粮食补贴、退田还湖和生育政策等的响应。

(2) 家庭成员的赡养和抚养：农户 agents 承担赡养家庭老人和儿童抚养、上学的任务。

(3) 家庭成员的增加和减少：家庭成员的婚丧嫁娶，新生儿降生等所需的财产耗费由农户 agents 决定和支出。

(4) 家庭收支平衡：农户 agents 也是理性的"经济人"，他们对家庭收支进行管理以达到收益最高、支出较少、收支平衡的目标。每个家庭的收入为

$$E = \sum_{i=1}^{n} P_i + \sum_{j=1}^{n} A_j + W_1 + W_2 \tag{6.5}$$

式中，E 为总收入；P_i 为第 i 个外出打工的家庭成员 agent 的纯收入；A_j 为第 j 块土地的粮食纯收入；W_1 为国家的补贴资金和扶助资金；W_2 为亲戚朋友的资助。

家庭支出的计算方法为

$$C_{总} = \sum_{i=1}^{n} C_i + C_{公共} + C_{投资} + C_{额外} \tag{6.6}$$

式中，$C_{总}$ 为总支出；C_i 为第 i 个家庭成员的日常消费支出；$C_{公共}$ 为国家和集体要求农户缴纳的一些公共费用；$C_{投资}$ 为农户大的生产资料的投入；$C_{额外}$ 为一些预算外的支出和一些大型的活动支出。农户 agents 的决策目标是 $E \geqslant C_{总}$。当可预测的经济收入小于可预测的支出时，农户 agents 将会调整支出，降低生活标准和不必要的开销。

市场交易：农户 agents 具有粮食销售、土地使用权转让等市场行为。模型中的市场包括粮食市场、农资市场、劳动力市场、土地租赁市场、金融市场等。对于粮食市场、劳动力市场和土地租赁市场，市场交易机制是以买方优先，先到者优先，价格匹配者优先的原则运行。对于农资市场和金融市场，则按统一的价格来交易。

对家庭成员 agents 的影响：农户 agents 是一个家庭的管理者，它会根据上年的家庭经济收支情况和成员状态变化情况对家庭成员 agents 施加影响，如缩减开支、鼓励出去打工、鼓励继续求学及鼓励或限制返乡种田等。

4. 劳动力个体 agents 的生产方式与决策

个体 agents 从 18 岁(大学生是 22 岁)成为劳动力到 65 岁(城市是 60 岁)退休或失去劳动能力这一阶段为其创造经济价值的阶段,也是模型重点考察的劳动力阶段。劳动力个体 agents 是"经济人",他们追求自己的经济效益最大化。劳动力个体 agents 有两个就业选择:种田或者打工。每个 agent 在每一年做出种田或打工决策时要考虑多种因素,包括个人收入、家庭组成、收入影响和社会因素等。模型把这些影响因素换算成劳动力个体 agents 的状态变化概率,每个个体 agent 根据这些概率相应地做出是否改变生产方式的决策。这些概率可依下式计算得到

$$P = \frac{\sum \sigma_i P_i}{\sum \sigma_i} \tag{6.7}$$

式中,P_i 为第 i 种因素的影响概率;σ_i 为第 i 种因素的个人偏好值。个人偏好值是随机产生的,相当于一个 agent 生来就具有的个性。影响概率根据具体研究区域中的实际数据计算而来,是外界或自身对个体 agents 决策的影响及个体 agent 行为决策依据。对每一种影响因素都独立进行计算。

6.4.2 LUC-ASM 模型的实现

在之前人工社会模型模拟平台的基础上,采用 Java 语言编程构造了 LUC-ASM 模型。针对一个位于鄱阳湖区新建区昌邑乡的自然村的自然环境与社会经济特征,开发一个 LUC-ASM 类包,然后在 Repast 仿真建模平台上运行所建立的土地利用变化人工社会模型,即 LUC-ASM 模型。所研究的自然村中农户有 56 户,总人口 300 人,耕地 600 亩,平均每人拥有耕地 2 亩。该村的地理环境如图 6.2(a)所示。

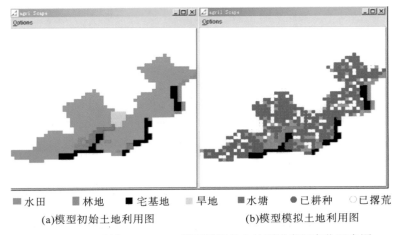

■水田 ■林地 ■宅基地 □旱地 ■水塘 ●已耕种 ○已撂荒

(a)模型初始土地利用图   (b)模型模拟土地利用图

图 6.2 采用 LUC-ASM 模型模拟的土地利用空间变化示意图

图 6.2(a)是研究区 2007 年土地利用的空间分布情况,作为 LUC-ASM 模型的初始状态。图 6.2(b)是模型运行至某一时刻的土地利用空间分布图。

按照社会调查所得数据的统计分析制定的 LUC-ASM 模型运行规则如下。

(1)以年为运行单元,即程序运行的每一个时间段表示一年,所有的生产成本、生活成本和收益按年来计算。

(2)每年的平均粮食价格,生产、生活资料价格和打工月薪按一定比例增加,具体的比例值在 0～10%随机产生。

(3)土地撂荒和耕种取决于农户劳动力状况、种田收入和打工收入。当农户没有从事种田的劳动力时,首先会转租自己的承包地,如未能成功转租,那么该农户所承包的土地将会被撂荒;当农户家中有从事种植的劳动力或属该农户承包的土地转租给别人时,那么该农户所承包的土地会被耕种。当农户家中有两个以上从事种田的劳动力时,该农户会承租其他农户的承包地。

(4)个体 agent 打工、种田、退休状态发生转换时的判别规则:①打工转变成种田的条件:上年本家庭劳动力平均收入<上年种田平均个人收入的 80%且年龄大于 45 岁但小于 65 岁;②种田转变成打工者的条件是:上一年本家庭劳动力平均收入<上一年打工者平均个人收入的 60%且年龄小于 45 岁;③打工或种田转变成农村须赡养的老人的条件是:年龄超过 65 岁,无劳动能力。

在考虑了这些运行规则后,LUC-ASM 模型就成了一个能够较为真实的反映研究自然村土地利用变化情况的模型。模型中的主要参数如表 6.2 所示。

表 6.2　LUC-ASM 模型实例中主要参数表

参数名称	意义	初始值来源	变化规则	参数名称	意义	初始值来源	变化规则
numAgents	农户数	调查数据	如无成员,则取消	GrainSold	粮食销售收入	按式(6.1)计算	按式(6.1)计算
indiAgents	个体 agent 数	在 3～8 之间随机	根据规则增减	rentLandPrice	土地转包地租	调查数据,可设置	每隔 5 年 5%～10%随机增长
AgriSubsidy	农业补贴	调查数据,可设置	每隔 5 年 5%～10%随机增长	maxDeathAge	Agents 寿命	在 65～100 随机	不变
everEarned	平均月打工收入	调查数据	按上年统计计算	grainCost	Agents 粮食消费	调查数据	根据 agents 状态变化而变
grainPrice	粮食价格	调查数据,可设置	按规则变化	cashCost	Agents 现金消费	调查数据	根据 agents 状态变化而变
grainProduct	粮食单产	调查数据	受气候影响,在本例不变				

6.4.3　模拟情景设置

(1) 人口变化情景。模型从当前时间 (2007 年数据) 开始运行，按照当前国家的农村人口计划生育政策 (可以生二胎) 及基础教育政策条件 (普及九年制义务教育) 及该村的基本人口结构进行模拟。

(2) 政策变化情景。为了鼓励农户种田，保证农业生产，国家相继发布了种粮补贴、种子补贴、化肥补贴等政策。为了考察这些政策是否能延缓或避免土地撂荒，用 LUC-ASM 模型对未来 30 年间的土地利用与劳动力变化过程进行模拟。模型选用 4 种政策条件，前三种为单位地块种粮补贴为 200 元、500 元、1000 元的情况 (每个地块大小假定为 2 亩)，但是没有扶持土地流转的政策；第 4 种为没有补贴，但是拥有鼓励土地流转的政策。在这 4 种情况下，利用 LUC-ASM 模型模拟打工和种田人数变化及土地撂荒地块的变化。

(3) 经济环境情景。以上的情景分析建立在一个前提下，就是国民经济持续增长，城市化稳步推进，城市劳动机会不断增长，收入不断提高。在这样的前提下城市收入比种田收入要高很多且距离持续拉大。但是，通过研究显示，当国民经济受到内在和外界的影响而呈现不景气的时候，农民进城打工的机会将会显著减少，城市生活成本就会提高，导致一些农民无法继续在城市打工，从而返乡种田。把这些经济环境变化因素加入 LUC-ASM 模型，以城市打工者平均收入的变化来体现经济环境的变化。

6.5　模拟结果分析

6.5.1　人口变化情景分析

人口及土地耕种状况定量变化情况如图 6.3 所示。

从图 6.3 中可以看出，前 15 年间，人口缓慢增长 (点线)，儿童及青少年数量保持平稳 (菱形线)，老人数量逐渐上升 (叉线)，流向城市工作的劳动力逐年增加 (方形线)，而种田的劳动力数量逐年下降 (三角线)；后 15 年间，老龄化人口保持上升势头，数量很高，儿童及青少年数量有波动但幅度不太大，劳动力数量递减，大部分劳动力进城工作，在家种田的劳动力人数几乎为 0。劳动力的减少对土地利用带来的影响是前 12 年每个农户承包的土地基本都被耕种 (圆形线)，但之后，越来越多的农户放弃耕种自己的土地，到最后几乎所有的农户都放弃了，这些被放弃的田块就有被撂荒的可能。

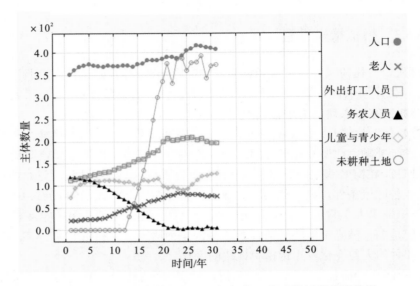

图 6.3　当前条件下的人口与土地 30 年变化过程模拟数据

从图 6.3 中的数据可以看出，农村老龄化问题在未来将成为一个十分重要的问题。未来不仅农村老龄化，城市也会老龄化，那么城市会产生更多的工作机会，这或许会导致农村劳动力加速向城市迁移。土地承包后农户劳动力进城打工而放弃耕种是将来土地利用的重要问题。

为了增加劳动力人数，模型中把计划生育政策调整成可生三胎。图 6.4 是容许生三胎的情况下人口与土地利用变化过程模拟的结果。从图 6.4 看出，届时人

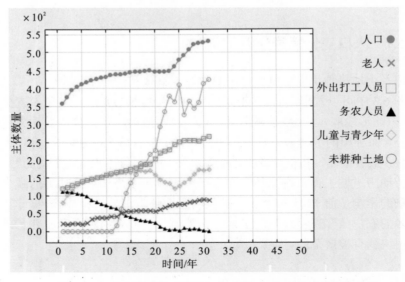

图 6.4　可生三胎条件下的人口与土地 30 年变化过程模拟结果

口增长非常明显，特别是儿童与青少年人口显著增加，劳动力数量也将大大提高，随之而来的是土地撂荒现象明显的延迟。但随着社会经济的发展，最终的结果还是有很多耕地仍有可能被农户撂荒。因此，采用增加生育人口的办法来延缓劳动力短缺的态势将有带来人口膨胀的危险，进而为以后的可持续发展带来巨大的障碍。

6.5.2　政策变化情景分析

在 4 种情况下，利用 LUC-ASM 模型模拟的打工和种田人数变化及土地撂荒地块的变化数据如图 6.5 所示。

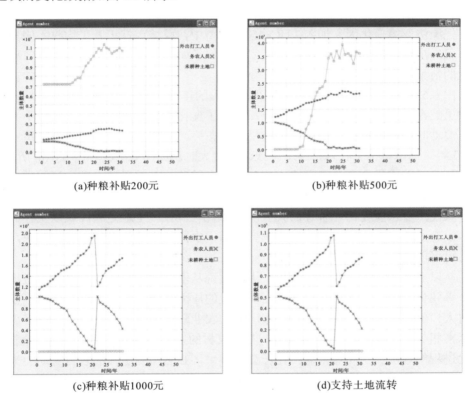

图 6.5　补偿标准与土地流转政策对农民个体生产方式选择的影响

图 6.5 中的红色线为打工的人数，正蓝色线为种田的人数，浅蓝色线表示撂荒的田块数。从四幅统计图中很清晰地看到，种粮补贴在短时期内(10～15 年)可以保持田块不被撂荒。但是随着国民经济的提高，进城打工收入增长速率高于种田收入增长速率时，越来越多的人出去打工，20 年后(也即是这一代文化素质相对低、谋生手段相对少的农民退休后)，土地撂荒特别严重。不同的种粮补贴额度带来的仅仅是延迟了土地撂荒的速率，在短期内是有效的，但不能解决长期问题。

相反的，从图 6.5(d) 中可以看出，放开土地流转后，虽然打工的劳动力人数仍然逐年上升，种田的劳动力人数逐年下降，但是土地流转使得专业种田者的收入并不比打工者的收入差。其结果是原来本应摞荒的土地却由专业种田者承包，从而避免了摞荒的结局。图 6.5(d) 还反映了一个现象，即当最后一个承租土地的专业种田者成为无劳动能力者而放弃承包权时，引起了众多打工者竞争承包权，又导致了承包土地地块的分散。这说明了土地流转政策可以使种田成为赚钱的职业，是一个可持续的土地利用政策。

6.5.3　经济环境情景分析

把经济环境变化因素加入 LUC-ASM 模型中，以城市打工者平均收入的变化来体现经济环境的变化，多次运行模型，得到了如图 6.6 所示土地利用和劳动力变化的情景。

图 6.6 中的浅红色线是城市打工平均收入的年际曲线。从这些图中可以看出，田块虽然没被摞荒，但是耕种的人数却发生了变化。当城市打工收入降幅不大或稍有波动时，在城市打工的人数仍然呈增长态势，如图 6.6(a) 和图 6.6(b) 所示的前 10 年。当城市打工收入持续下降或波动较大时，如图 6.6(c) 和图 6.6(d) 所示，城市打工者的数量会有显著下降，相应的回乡种田的人数显著上升。这就带来了一个新问题。如果允许土地使用权流动并且鼓励公司化经营，当经济不景气的时候，农民回乡可能无田可种(因为已经转租给了公司)。土地是农民赖以生存的基石，没有土地可种，又无法在城市维持生活，农民的生计将会无法得到解决，社会危机可能会由此产生。

从以上模型运行结果可以看出，土地摞荒从表面上看是由农村劳动力进城打工，导致务农劳动力缺乏所造成，而深层次的原因却极为复杂。这一问题不仅跟农村人口的结构变化有关，而且也跟国家的农业政策和国家的社会经济发展大环境紧密相关。从目前到未来 30 年间，我国农村的发展也进入了关键阶段。随着城市化进程的逐步加快和城市老龄化社会的到来，必然需要更多的农村劳动力来补充，相应也就会有更多的农村劳动力走进城市。这将加剧农村人口老龄化所产生的"空心村"问题，务农劳动力的缺乏必然会带来土地摞荒的后果。要解决这一问题，不能仅依靠政府的农业补贴，而要把土地合理合法流转作为一个长效机制来推广实施。但是在推广的过程中，还需充分考虑土地承包农户的权益和后路，加强农民的养老和失业方面的保障，避免经济发展波动时农民返乡后无田可耕以致生活无助的可能。从模型中还可以看出，要使农村劳动力能够长久有效地在城市工作，国家必须保持国民经济的持续发展，创造充足的就业机会，使当前多余的农村劳动力能够有长时间在城市就业的机会。不仅如此，国家还需解决进城打工人员的社会养老和失业保障问题，从而能够保证这些进城务工人员能够彻底脱离土地，从农村转移成为真正的城市居民。

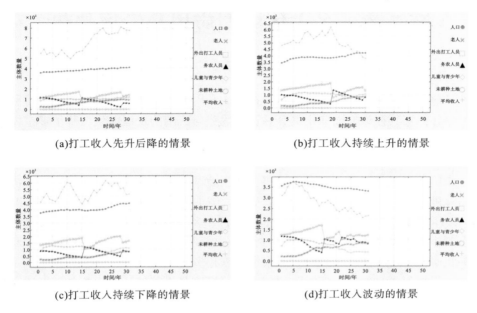

(a)打工收入先升后降的情景　　　　　　　　(b)打工收入持续上升的情景

(c)打工收入持续下降的情景　　　　　　　　(d)打工收入波动的情景

图 6.6　打工收入对农民个体生产方式选择的影响

6.6　本 章 小 结

　　土地撂荒是一种受多因素影响的农业土地利用变化形式，跟农民自身的素质、家庭收入、社会经济发展水平、生态环境状况、国家政策等都有着密切的关系。由于当前国家的农村土地政策是家庭联产承包责任制，撂荒与否与农民自身利用土地资源的决策有关。本章针对土地撂荒问题建立了土地利用的人工社会模型，并对鄱阳湖区土地撂荒问题进行了探索。分析结果表明，土地撂荒是城市化和人口老龄化的潜在结果，土地流转是可行的长效机制，但也对农民养老和就业保障存在威胁。应当努力从政策上整体协调城市化进程、农业劳动力转移进程和农业发展进程，使其步调能够保持一致，以避免未来可能出现的土地撂荒、粮食供给不足等问题。

第7章 多主体模型应用及发展趋势

目前，基于多主体的建模与仿真在土地利用变化研究方面的应用已取得巨大成果，并证实其在该方面应用具有独特的优势与广阔的发展前景。基于多主体的土地利用变化模型具有自下而上的反馈特性，可以模拟复杂的主体决策行为，并综合土地利用变化中的空间变化，适于分析土地利用系统变化的空间过程、空间相互作用和多尺度现象，而且能够将反映土地利用的景观栅格数据和多主体决策机制有机结合，因而它在土地利用变化研究方面得到广泛应用(Evans and Kelley，2004；Hoffmann et al.，2002；Berger，2001)。多主体模型研究土地利用变化的热点主要集中于模型本身研究、政策与土地利用研究、农户尺度土地利用研究和城市扩张研究 4 个方面，相关研究成果也越来越多。

关于模型本身研究，研究关注点主要是模型是否能够达到模拟效果取决于模型要件。影响多主体模型的两个最主要因素就是：主体决策机制和栅格尺度问题。主体决策研究方面，Valbuena 等(2008)通过实地调研的方法对主体进行界定和类型划分，并通过经验定义、参数设置和分配不同的主体模型分析了区域内不同的土地利用决策和策略。栅格大小方面，Evans 和 Kelley(2004)研究发现，主体对土地利用的方式选择的优先权重受尺度影响，分辨率过大将不能满足研究需求。另外，还有概念模型研究，如 Ligtenberg 等(2004)提出了一个将多主体决策与土地利用变化模型结合的概念模型，以便探索多主体模型用于基于模拟多主体决策在空间规划过程模拟空间情景。为能准确地反映美国得克萨斯州北部土地利用的变化特征，Monticino 等(2007)建立了一个人与自然耦合模型，其中基于主体模拟建模方法被用来构造反映利益相关者利用土地资源的决策模型，而自然环境的变化过程则由地表覆盖转变、水文过程和野生动物栖息地选取 3 个模型组成。

关于政策与土地利用研究方面，多主体模型可以通过设置不同政策情景影响主体决策，因此，它可以用于研究不同政策背景下土地利用变化趋势。Le 等(2010)运用多主体模型评价了土地利用政策对社会生态的影响，并进行了实证研究。Happe 等(2006)将主体模型结构变化与农业政策分析结合到一起，创建了农业政策多主体模型(AgriPoliS)，并研究了在多种框架下农业政策结构制度变迁的影响。Balmann 等(2002)构建了 2600 个各类农户相互作用的多主体模型并研究它们在农业环境政策影响下的行为。

关于农户尺度土地利用研究方面，由于农业土地利用决策受国家政策与农户耦合作用影响，而农户是最直接的驱动体。多主体模型将农户作为"主体"来研究农户尺度土地利用问题符合农业土地利用变化机制，因而得到广泛应用。在研究中，往往结合农户与政策研究土地利用变化，如 Balmann 等(2002)研究农业环境政策影响下的农户相互作用。Huang 和 Macmillan(2005)、Macmillan 和 Huang (2008)系统阐述了如何根据农户在生产(土地利用)、消费、贸易、劳动力调整等过程中的决策构建一个能够反映自然环境约束的农业社会模型。国内陈海等(2009)通过对多主体决策的模拟，探讨 MAS 在微观层面土地利用变化过程中的应用，揭示了农户土地利用决策变化的机制。

关于城市扩展研究方面，多主体模型能够反映影响城市土地扩张的主体间所产生的多元变化结果，这一点要优于元胞自动机。一般可将城市决策主体分为政府、城市经济组织和居民等。根据研究需要还可细分，如刘小平等(2006)考虑居民收入和有无小孩对其购房选择影响，将居民 agent 划分为 6 类。多主体模型的决策对象层——空间栅格数据模型可以通过元胞自动机来构建，如聂云峰等(2009)通过集成多主体、GIS 和元胞自动机建立城市发展模型，并以 Repast 和 ArcGIS 为基础设计实现了城市土地利用动态模拟系统。

然而由于智能体模型的仿真模拟研究仍然处于初级探索阶段，而且智能体理论与方法本身也不是非常成熟，基于多主体的土地利用变化模拟模型还有待继续开发与研究。尚需完善的内容主要包括以下几个部分，这也为以后的发展趋势提供了方向。

7.1　行为主体规则的完善问题

一方面土地利用系统是一个非常复杂的系统，在这之中的影响因素难以全部考虑进模型之中，即使已经从政府、企业及居民等直接作用于土地利用的人的因素进行研究，然而依然忽略了一些难以量化的变量及某些不可预测的因素，如自然灾害等；另一方面，对于政府、企业及居民等行为主体，现实中这些主体间相互关系远远比模型规则复杂，因此深入了解各主体的行为机制、加强各主体关系间的研究，使得主体本身具有更强的智能性与交互性，同时引进更加全面的规则能够极大地改进模型的精度。

7.2　应用与精度提升

由于数据通过各种不同的方式获取，具有不同的精度和误差，要改善这个既定问题，一方面需要提高数据获取本身的精度，如提高传感器的空间分辨率等；另一方面，需要使用精度较高、效果较好的数据融合方法，然而目前的数据融合方法技术还处于发展的初级阶段，因此提高整个模型模拟的精度需要多方面技术方法的提高和改进。

目前除了土地利用变化领域，基于 agent 的建模与仿真还在很多学科领域得到应用，包括社会领域、经济领域、人工生命、工业过程和军事领域等，但大部分研究还处于初级阶段，属于实验室中的"思想实验"，具有学术研究的性质，离真正的实际复杂系统的仿真分析与控制还有一定距离，但这些关于复杂系统的ABMS 的研究与探索，正在使实际应用成为可能。

7.2.1 社会领域

社会领域是 ABMS 应用最为广泛和活跃的领域之一，其研究的重点是人类系统的涌现行为与自组织，而 ABMS 是最适合于捕捉这些现象的方法学，这一点得到很多社会科学家的共识。社会系统中的"人"与 ABMS 中的 agent 具有本质相似性，"人"被抽象成一个具有自主决策、学习、记忆及协调、组织能力的 agent，agent 因此可能需要采用神经网络、进化计算或者其他学习技巧来描述"人"的学习与自适应能力。

社会领域中的 ABMS 研究应用包括：交通流、土地资源、应急管理、灾害救援、智慧城市等方面，组织与个体之间形成动态交互，以获取最新信息，根据被告知的消息进行决策。

例如，洛斯阿莫斯国家实验室开发了一个基于 agent 模型的软件包，该软件通过创建一个虚拟城市环境，可对其中的人及其日常活动(上下班、购物与娱乐等)及交通工具在交通网络中的运动进行建模与仿真，通过个体交通工具之间的交互来观察实际的交通流的动态特性，进而评估整个城市的交通系统的性能，并可估计由于交通工具尾气排放产生的空气污染等情况。该软件目前被用来仿真波特兰市的交通状况，仿真案例中包括 120000 条交通链路、150 万个个体 Agent。类似的研究还包括圣塔菲研究所的 Barrett 对阿尔布开克市的交通和环境状况的仿真，Raney 等(2002)对瑞士国内的交通问题的研究。Bah 等(2006)建立了一个基于 agent 的土地资源利用模型来模拟澳大利亚 Sahel 地区自然资源生物物理动力学和社会经济因素驱动下的土地利用动力学相互作用的过程。周陶和高明(2013)解放农村生产力问题对四川丘陵山区农户内生型农地流转进行了研究。王飞跃(2007)提出了平行应急管理系统(parallel emergency management systems，PeMS)的体系框架与应用研究。Fernandez-Anez(2016)提出的一种智慧城市的概念模型，将智慧城市理解为一个综合的、多维的系统，基于多方利益相关者的伙伴关系来应对城市挑战。Sepasgozar 等(2019)采用基于调查的方法开发并验证了城市服务技术接受模型(urban services technology acceptance model，USTAM)，该模型可以通过指导城市选择合适的技术来帮助发展中经济体以高效的资源利用来实现城市的繁荣。Shuva GHOSH 等(2017)提出了精细的半马尔可夫模型来捕捉地震后事件的随机动态，用于量化人们当前的危险率并估计获救时间，在城市应急管理方面有很大的参考价值。曹阳等(2017)提出的智慧城市仿真模型组织架构，基于城市仿真模型对城市不同的发展情景进行动态模拟，为城市规划决策提供分析依据。

另外，Schreiberf 等(2013)运用基于 agent 的仿真对政党的形成进行了研究；Penzar 和 Srbcjinović(2002)运用基于 agent 的建模方法，在 Swarm 的基础上研究了前南斯拉夫的种族动员——社会冲突问题；Bower 和 Bunn(2000)用基于 agent 的仿真研究了英格兰和威尔士的电力市场交易模型；Chen(2012)用基于 agent 的仿真研究了不同道路网络结构条件下的安全撤退策略。

7.2.2 经济领域

经济领域是 ABMS 应用较为广泛的一个领域。美国 Sandia 国家实验室的研究人员开发了一种基于 agent 的美国经济仿真模型 Aspen，它融合了 Sandia 实验室的进化学习和并行计算的最新技术，与传统的经济模型相比有许多明显优势，在一个单一的、一致的计算环境中模拟经济，允许变化的法律、规则和政策的影响。例如更详细地对货币政策、税法和贸易政策做出模型研究，允许对经济中的不同部门进行单独分析或者与其他部门一起综合分析，以便更好地理解整个经济进程，同时还对经济中的基本决策部门的行为进行了准确模拟，例如居民、银行、公司和政策。Aspen 以个人、居民和企业等微观单位作为描述和模拟对象，以分析政策对微观单位的影响及引起的宏观效果。通过对特征变量的统计分析、推断综合，可以得到政策变化对微观个体的影响，进而得到宏观及各层次的政策实施效果。Sandia 国家实验室目前已完成了简单市场经济的一个原型模型(美国经济的简单仿真)，并致力于一个更详细的模型，同时完成了过渡经济的仿真模型(过渡经济仿真)。Mai 和 Smith(2018)以越南凯巴岛为例，利用系统动态模型进行基于场景的旅游开发规划，根据城市内部组成要素互为因果的反馈特点，从城市内部结构来寻找社会现象发生的根源。Zhan 等(2018)对中国 40 个主要城市进行的大规模问卷调查，利用地理探测器模型，探讨了城市宜居度和满意度的特征及其影响因素；Wey 和 Huang 等(2018)采用模糊德尔菲法对工业、政府和学术界的 6 位专家分别进行问卷调查，筛选出关键指标，并以台北市交通基础设施系统为例，探讨了交通基础设施系统环境动态的决策策略；Liu 等(2017)探讨了新兴旅游业与中国城市宜居度之间复杂的相互依存关系，并通过对 2003～2012 年中国 35 个大中城市的概念模型和统计分析，推断出旅游过度发展对城市宜居度存在的潜在威胁；Paul 和 Sen (2018)以印度加尔各答市为研究对象，以城市综合地理因素(integrated urban geographic factors，IUGFs)为基础，对构成城市中心的宜居度变化进行评价，从而理解宜居性变化对城市发展的影响；Khorasani 和 Zarghamfard 等(2018)以瓦拉明城中村为例，分析和解释了地方和区域尺度上的空间因素对瓦拉明宜居度的影响，结果表明村庄的空间因素与宜居度指标之间存在显著关系；Saitluanga(2014)试图找出印度东北部喜马拉雅地区快速发展的艾泽威山城宜居度的不平等模式，使用数据简化方法，在邻域水平上测量宜居性的客观和主观维度水平，发现位于中心的社区更适合居住，而且宜居性的客观和主观维度没有显著的关系；Furlan 等(2018)提出了一个名为公共交通引导开发(transit oriented development，TOD)的模型，该模型通过更好地整合城市交通和土地使用策略提高了城市宜居度，从而维持可持续城市化。

另外，圣塔非研究所 Arhur 领导的 Biois 小组开发的虚拟股市，已成功地运用到纳斯达克股市的仿真中。基于 agent 的纳斯达克仿真模型成功地将 agent 的建模思想与神经网络加强学习等人工智能技术结合起来，股市中的 agent 通过采用不同的策略，从简单到复杂的策略来进行交互。通过 agent 间的交互，来表现整个股市的动态行为。

7.2.3　Repast HPC

以上研究虽能在土地、经济、社会、生活等各个领域有所建树，但随着 agent 数量的增加，模型的整体运行速度会以指数方式下降，远不能达到预期目的。当前大多数研究者均通过分布式计算来提高模型的运行速度，是从硬件的角度出发来提高运行速度。换而言之，随着 agent 数量的增加，分布式计算的规模也会越来越大。为了解决此类问题，可从 Repast HPC(Repast for high performance computing，Repast 高性能计算)出发，为解决运行速度慢的问题打开一条新思路。

Repast HPC 仿真工具箱是由芝加哥大学的社会科学计算研究中心 Collier 等(2015)编写的开放源码类库。该库源于 Repast 系列库，为致力于开发高性能计算软件提供平台支持。它由 C++语言编写而成，其算法与概念是从 Java 语言编写的 Repast Simphony 的工具箱的基础上发展而来，在结构框架上与 Repast Simphony 有相似之处。常用的基于 agent 的仿真开发工具有：Repast for High Performance Computing(Repast HPC)、Swarm、Flexible Large-Scale Agent Modeling Environment(FLAME)、Pandora 和 GridABM 等。其中 Repast HPC 很好地结合了并行计算基数和多 agent 建模理论，构建面向 agent 的并行计算底层框架，为搭建复杂系统的用户提供了底层基数支持，可以使用户从复杂的软件底层构建和规划中解放出来，并能根据复杂系统的需求，自由组合使用仿真工具箱中的类库，搭建出用户需要的功能模块。用户通过该库提供的结构进行拓展开发，可以极大地缩短开发周期、提高效率。

目前国内外对 Repast HPC 的研究比较有限，Zia 和 Riener 等(2012)结合最新的超级计算技术，基于 Repast HPC 构建了一个大城市($10^6 \sim 10^8$)级别的现实疏散模型，并通过模拟运行结果，来评估不同的疏散策略的有效性；Gorur 和 Imre 等

(2016)在美国伊利诺伊州芝加哥阿贡国家实验室对 Repast HPC 的时间管理和共享调度机制进行了时间间隔实验并深度的剖析；Murphy 等(2016)利用 Repast HPC 对三维骨组织生长进行了初步的模拟设计并对 Repast HPC 进行了性能测试；Guo 和 Xiong(2014)以空间目标系统为例，阐述仿真实现过程，证明了基于并行 agent 仿真(parallel agent-based simulation，PABS)的 Repast 平台的有效性；杨雪榕等(2015)介绍了多 Agent 高性能计算仿真工具箱 Repast HPC 及其应用领域，并结合一个船舶自动识别系统验证了基于 Repast HPC 的高性能并行计算开发的可行性。国内外有关 Repast HPC 的文献十分有限，内容大都是对 Repast HPC 理论和新特性的介绍，对于 Repast HPC 的研究和应用正在不断地深入，应用领域有待进一步的拓展。

Repast HPC 作为从 Repast Simphony 的工具箱的基础上发展而来的仿真工具，很好地结合了并行计算技术和多 agent 建模理论，构建了面向 agent 的并行计算底层框架，为搭建复杂系统的用户提供底层技术支持，可以使用户从复杂的软件底层的构建和规划中解放出来，并能根据复杂系统的需求，自由组合使用仿真工具箱中的类库，搭建出用户需要的功能模块。用户通过该库提供的接口进行拓展开发，可以极大地缩短开发周期、提高效率。利用其自下而上的特点，在研究社会发展方面有着得天独厚的优势。在仿真平台的驱动下，模型能够通过个体的迁移及个体之间的交互作用，在宏观社会层面上复现出复杂的社会现象。这样一个将微观模型与宏观现象由下至上关联起来的建模方法学，为更进一步分析微观个体与宏观复杂现象之间的关联关系提供了有效的平台，同时为研究分析复杂系统内部机理提供了有力支撑。

ABM 模型在各个领域均有涉及，上文仅从社会领域与经济领域方面进行了论述，而此模型可应用于政治、人工社会、文化等领域。可从个人出发，在家庭，栅格、网格、街道、区域、省份、国家、世界进行分层研究。比如城市宜居度模型，通过人类之间及人类与安全设施之间的交互，可得到某个区域、省份的在未来几十年的安全宜居度、政府为提高安全宜居度应做何种决策等信息。如流感模型，通过分析受感染体的接触人数、扩张速度、扩张方式、传播介质等因素，可估计流感在任意时刻传播的范围。同理，台风模型、经济危机模型，可短时间内得到世界范围内灾害的扩张结果，人类可及时采取决策进行避灾，与此同时政府亦可进行整体规划。

通过 ABM 将世界范围内的人类与自然通过信息交互联系起来，形成一个超大规模的 ABM 模型，运用 Repast HPC 进行建模，使用分布式进行运算。对自然环境与人类社会中的变化可根据传感数据进行实时更新，当灾害发生时，相关部门可根据运行结果做出宏观调控。

参 考 文 献

《鄱阳湖研究》编委会, 1988. 鄱阳湖研究. 上海: 上海科学技术出版社.

白雪红, 闫慧敏, 黄河清, 等, 2014. 内蒙古农牧交错区耕地流转实证研究: 以太仆寺旗幸福乡和千斤沟镇为例. 资源科学, 36(4): 741-748.

摆万奇, 阎建忠, 张镱锂, 2004. 大渡河上游地区土地利用/土地覆被变化与驱动力分析. 地理科学进展, 23(1): 71-78.

包姝芬, 马志宪, 崔学明, 2011. 近 50 年锡林郭勒盟的气候变化特征分析. 内蒙古农业大学学报(自然科学版), 32(3): 157-160.

蔡运龙, 2001. 土地利用/土地覆被变化研究: 寻求新的综合途径. 地理研究, 20(6): 645-652.

蔡运龙, 傅泽强, 2002. 区域最小人均耕地面积与耕地资源调控. 地理学报, 57(2): 127-134.

曹阳, 张胜雷, 甄峰, 2017. 智慧城市规划仿真模型组织架构与标准体系研究. 建设科技(13): 21-25, 29.

陈海, 康慕谊, 曹明明, 等, 2006. 中国北方农牧交错带生态-生产范式区划研究. 水土保持通报, 25(5): 37-41.

陈海, 王涛, 梁小英, 等, 2009. 基于 MAS 的农户土地利用模型构建与模拟: 以陕西省米脂县孟岔村为例. 地理学报, 64(12): 1448-1456.

陈素华, 宫春宁, 2006. 内蒙古气候变化特征与草原生态环境效应. 中国农业气象, 26(4): 246-249.

褚俊英, 陈吉宁, 邹骥, 等, 2005. 基于复杂系统建模的水管理政策研究进展. 中国人口资源与环境, 14(6): 27-32.

邓聚龙, 1985. 灰色控制系统. 武汉: 华中理工大学出版社.

董婷婷, 张增祥, 钱凤魁, 2007. 中国北方农牧交错带耕地动态变化的遥感监测. 农业工程学报, 23(6): 78-82.

方精云, 刘国华, 徐嵩龄, 1996. 中国陆地生态系统的碳库 // 王庚辰, 温玉璞. 温室气体浓度和排放监测及相关过程. 北京: 中国环境科学出版社.

封志明, 张蓬涛, 宋玉, 2002. 粮食安全: 西北地区退耕对粮食生产的可能影响. 自然资源学报, 17(3): 299-306.

甘红, 刘彦随, 王大伟, 2004. 土地利用类型转换的人文驱动因子模拟分析. 资源科学, 26(2): 88-93.

甘霎, 李陶深, 2000. 基于 Multi-Agent 的农业专家系统在 Internet 上的系统设计. 计算机工程与应用, 36(10): 164-165.

高军, 贾志文, 2003. 乌拉特中旗退耕还林工程试点阶段性社会经济效益评价. 内蒙古林业调查设计, 26(1): 20-22.

龚丹, 马晓明, 2007. 农牧交错带典型区土地利用驱动机制研究: 基于多主体模拟方法. 湖南农业大学学报(社会科学版), 8(4): 15-19.

郭旋, 2009. 义乌市水资源承载力仿真研究. 杭州: 浙江师范大学.

韩鹏, 黄河清, 甄霖, 等, 2012. 基于农户意愿的脆弱生态区生态补偿模式研究: 以鄱阳湖区为例. 自然资源学报, 27(4): 625-642.

郝海广, 李秀彬, 田玉军, 等, 2010. 农牧交错区农户耕地流转及其影响因素分析. 农业工程学报, 26(8): 302-307.

何春阳, 史培军, 2002. 北京地区城市化过程与机制研究. 地理学报, 57(3): 363-371.

黄建文, 鞠洪波, 赵峰, 等, 2008. 利用遥感进行退耕还林成活率及长势监测方法的研究. 遥感学报, 11(6):

899-905.

吉培荣, 黄巍松, 胡翔勇, 2001. 灰色预测模型特性的研究. 系统工程理论与实践, 21(9): 105-108.

姜昌华, 韩伟, 胡幼华, 2006. Repast: 一个多 Agent 仿真平台. 系统仿真学报, 18(8): 2319-2322.

姜鲁光, 2006. 鄱阳湖退田还湖地区洪水风险与土地利用变化研究. 北京: 中国科学院地理科学与资源研究所.

焦锋, 秦伯强, 2003. GIS 支持下的小尺度土地驱动力研究. 长江流域资源与环境, 12(3): 206.

柯新利, 边馥苓, 2009. 地理元胞自动机研究综述. 咸宁学院学报(3): 103-106.

李芬, 甄霖, 黄河清, 等, 2010. 鄱阳湖区农户生态补偿意愿影响因素实证研究. 资源科学, 32(5): 824-830.

李彦, 李坤, 燕飞, 2004. 内蒙古退耕还林(草)中的生态移民问题探析. 内蒙古社会科学(汉文版)(4): 142-144.

李德成, 徐彬彬, 1995. 利用马氏过程模拟和预测土壤侵蚀的动态演变: 以安徽省岳西县为例. 环境遥感, 10(2):
   89-96.

李秀彬, 2002. 土地利用变化的解释. 地理科学进展, 21(3): 195-203.

李秀彬, 2008. 农地利用变化假说与相关的环境效应命题. 地球科学进展, 23(11): 1124-1129.

李旭旦, 1984. 人文地理学. 见: 中国大百科全书, 地理卷. 北京: 中国大百科全书出版社.

李浴霖, 2008. 太仆寺旗农牧民收入多元化. 内蒙古日报(汉), 2008-01-04.

刘瞳, 黄河清, 闫慧敏, 等, 2012. 北方农牧交错区降水过程的持续性特征与干旱发生趋势. 资源科学, 34(5):
   940-947.

刘纪远, 张增祥, 庄大方, 2003. 20 世纪 90 年代中国土地利用变化时空特征及其成因分析. 地理研究, 22(1):
   1-12.

刘纪远, 张增祥, 庄大方, 等, 2005. 20 世纪 90 年代中国土地利用变化的遥感时空信息研究. 北京: 科学出版社.

刘军会, 高吉喜, 2009. 气候和土地利用变化对北方农牧交错带植被 NPP 变化的影响. 资源科学, 2009, 31(3):
   493-500.

刘思峰, 党耀国, 方志耕, 等, 2004. 灰色系统理论及其应用(第三版). 北京: 科学出版社.

刘文超, 颜长珍, 秦元伟, 等, 2013. 近 20 a 陕北地区耕地变化及其对农田生产力的影响. 自然资源学报, 28(8):
   1373-1382.

刘小平, 黎夏, 艾彬, 等, 2006. 基于多智能体的土地利用模拟与规划模型. 地理学报, 61(10): 1101-1112.

刘新华, 杨勤科, 汤国安, 2001. 中国地形起伏度的提取及在水土流失定量评价中的应用. 水土保持通报, 21(1):
   57-62.

刘燕华, 葛全胜, 张雪芹, 2004. 关于中国全球环境变化人文因素研究发展方向的思考. 地球科学进展, 19(6):
   889-895.

内蒙古自治区统计局, 2010. 内蒙古统计年鉴. 北京: 中国统计出版社.

聂云峰, 陈红顺, 夏斌, 等, 2009. 基于多智能体与 GIS 城市土地利用变化仿真研究. 计算机应用研究, 26(7):
   2613-2616.

欧阳进良, 宋春梅, 宇振荣, 等, 2004. 黄淮海平原农区不同类型农户的土地利用方式选择及其环境影响: 以河北
   省曲周县为例. 自然资源学报, 19(1): 1-11.

潘理虎, 黄河清, 姜鲁光, 等, 2010. 基于人工社会模型的退田还湖生态补偿机制实例研究. 自然资源学报, 25(12):
   2007-2017.

任锦鸾, 2002. 基于复杂性理论的创新系统理论及应用研究. 天津: 天津大学.

史娟, 张凤荣, 赵婷婷, 2008. 1998 年～ 2006 年中国耕地资源的时空变化特征. 资源科学, 30(8): 1191-1198.

史培军, 陈晋, 潘耀忠, 2000. 深圳市土地利用变化机制分析. 地理学报, 55(2): 151-160.

宋学锋, 2005. 复杂性科学研究现状与展望. 复杂系统与复杂性科学, 2(1): 10-17.

陶海燕, 黎夏, 陈晓翔, 等, 2007. 基于多智能体的地理空间分异现象模拟: 以城市居住空间演变为例. 地理学报, 62(6): 579-588.

田光进, 邬建国, 2008. 基于智能体模型的土地利用动态模拟研究进展. 生态学报, 28(9).

仝川, 郝敦元, 高霞, 等, 2002. 利用马尔柯夫过程预测锡林河流域草原退化格局的变化. 自然资源学报, 17(4): 488-493.

童慧骅, 屠文川, 2006. 一种基于 CAS 的代理主体行为仿真模型. 计算机仿真, 9(23): 272-276.

王强, 黄河清, 郑林, 等, 2010. 鄱阳湖区农户经济行为变化对农业系统脆弱性的影响: 基于农户问卷调查的实证研究. 自然资源学报, 25(3): 511-521.

王铮, 1995. 论人地关系的现代意义. 人文地理(2): 1-5.

王铮, 吴健平, 2002. 城市土地利用演变信息的数据挖掘: 以上海市为例. 地理研究, 21(6): 675-681.

王成超, 杨玉盛, 2011. 农户生计非农化对耕地流转的影响: 以福建省长汀县为例. 地理科学, 31(11): 1362-1367.

王成超, 杨玉盛, 2012. 基于农户生计策略的土地利用/覆被变化效应综述. 地理科学进展, 31(6): 792-798.

王飞跃, 2007. 平行应急管理系统 PeMS 的体系框架及其应用研究[J]. 中国应急管理(12): 22-27.

王其藩, 1988. 系统动力学. 北京: 清华大学出版社.

王思远, 黄裕婕, 陈志祥, 2005. 黄河流域退耕还林还草的遥感研究. 清华大学学报: (自然科学版), 45(3): 306-309.

王秀兰, 2000. 土地利用/土地覆盖变化中的人口因素分析. 资源科学, 22(3): 39-42.

王振江, 1988. 系统动力学引论. 上海: 上海科学技术文献出版社.

文飞人, 2011. 农村剩余劳动力转移的经济影响及对策. 现代农业科技, 19: 356-357.

吴静, 王铮, 2008. 人地关系分析的自主体模拟理论框架及其平台开发研究. 地理学与生态文明建设: 中国地理学会 2008 年学术年会论文摘要集.

吴传钧, 1981. 地理学的特殊研究领域和今后任务. 经济地理(1): 5-10.

吴传钧, 1991. 论地理学的研究核心: 人地关系地域系统. 经济地理, 11(3): 1-6.

吴文斌, 杨鹏, 唐华俊, 等, 2007. 基于 Agent 的土地利用/土地覆盖变化模型的研究进展. 地理科学, 27(4): 573-578.

吴晓青, 胡远满, 贺红士, 等, 2009. 沈阳市城市扩展与土地利用变化多情景模拟. 地理研究, 28(5): 1264-1275.

郗静, 曹明明, 陈海, 2009. 智能体模型在微观土地利用行为模拟中的应用及启示. 地理与地理信息科学, 25(4): 56-60.

徐晋涛, 曹轶瑛, 2002. 退耕还林还草的可持续发展问题. 国际经济评论, 3(4): 56-60.

徐宪立, 蔡玉梅, 张科利, 等, 2005. 耕地资源动态变化及其影响因素分析. 中国人口资源与环境, 15(3): 75-79.

薛领, 杨开忠, 沈体雁, 2004. 基于 agent 的建模: 地理计算的新发展. 地球科学进展, 19(2): 305-311.

闫丹, 黄河清, 潘理虎, 等, 2013. 多主体系统理论在鄱阳湖区土地利用时空变化过程研究中的应用. 资源科学,

35(10): 2041-2051.

闫慧敏, 刘纪远, 黄河清, 等, 2012a. 城市化和退耕还林草对中国耕地生产力的影响. 地理学报, 67(5): 579-588.

闫慧敏, 甄霖, 李凤英, 等, 2012b. 生态系统生产力供给服务合理消耗度量方法: 以内蒙古草地样带为例. 资源科学, 34(6): 998-1006.

杨存建, 刘纪远, 张增祥, 2001. 遥感和 GIS 支持下的云南省退耕还林还草决策分析. 地理学报, 56(2): 181-188.

杨青生, 黎夏, 2007. 多智能体与元胞自动机结合及城市用地扩张模拟. 地理科学, 27(4): 542-548.

杨雪榕, 张大曦, 范丽, 2015. 基于 Repast HPC 的多 Agent 系统高性能并行计算研究 // 系统仿真技术及其应用(第 16 卷). 安徽: 中国科学技术大学出版社.

于同奎, 2007. 基于主体的股市模型及其复杂动力行为. 复杂系统与复杂性科学, 4(3): 43-51.

余强毅, 吴文斌, 唐华俊, 等, 2012. 基于农户行为的农作物空间格局变化模拟模型架构. 中国农业科学, 46(15): 3266-3276.

余强毅, 吴文斌, 杨鹏, 等, 2013. Agent 农业土地变化模型研究进展. 生态学报, 33(6): 1690-1700.

余强毅, 吴文斌, 陈羊阳, 等, 2014. 农作物空间格局变化模拟模型的 MATLAB 实现及应用. 农业工程学报, 30(12): 105-114.

约翰·H. 霍兰, 2000. 隐秩序: 适应性造就复杂性. 周晓牧, 韩晖, 译. 上海: 上海科技教育出版社.

张军, 2008. 灰色预测模型的改进及其应用. 西安: 西安理工大学.

张定祥, 李宪文, 刘顺喜, 等, 2003. 基于遥感数据的常熟市耕地资源数量动态变化分析. 地理与地理信息科学, 19(3): 38-41.

张国平, 刘纪远, 张增祥, 2004. 近 10 年来中国耕地资源的时空变化分析. 地理学报, 58(3): 323-332.

张金牡, 吴波, 沈体雁, 2004. 基于 Agent 模型的北京市土地利用变化动态模拟研究. 东华理工学院学报, 27(1): 80-83.

张丽萍, 张镱锂, 阎建忠, 等, 2008. 青藏高原东部山地农牧区生计与耕地利用模式(英文). Journal of Geographical Sciences(4): 499-509.

赵剑冬, 林健, 2007. 基于 Agent 的 Repast 仿真分析与实现. 计算机仿真, 24(9): 265-268.

中国营养学会, 2010. 中国居民膳食指南. 西藏: 西藏人民出版社.

周锐, 苏海龙, 胡远满, 等, 2011. 不同空间约束条件下的城镇土地利用变化多预案模拟. 农业工程学报, 27(3): 300-308.

周陶, 高明, 2013. 基于 Logistic 模型的四川省南溪区农地流转微观主体意愿的实证分析. 贵州农业科学, 41(3): 182-185.

周德成, 赵淑清, 朱超, 2012. 退耕还林还草工程对中国北方农牧交错区土地利用/覆被变化的影响: 以科尔沁左翼后旗为例. 地理科学, 32(4): 442-449.

朱会义, 李秀彬, 何书金, 等, 2001. 环渤海地区土地利用的时空变化分析. 地理学报, 56(3): 253-260.

朱会义, 李秀彬, 辛良杰, 2007. 现阶段我国耕地利用集约度变化及其政策启示. 自然资源学报, 22(6): 907-915.

朱金兆, 周心澄, 胡建忠, 2004. 对 "三北" 防护林体系工程的思考与展望. 自然资源学报, 19(1): 79-85.

朱利凯, 蒙吉军, 刘洋, 等, 2011. 农牧交错区农牧户生计与土地利用: 以内蒙古鄂尔多斯市乌审旗为例. 北京大学学报(自然科学版), 47(1): 133-140.

An L, 2012. Modeling human decisions in coupled human and natural systems: review of agent-based models. Ecological Modelling, 229: 25-36.

An L, Linderman M, Qi J, et al., 2005. Exploring complexity in a human–environment system: an agent-based spatial model for multidisciplinary and multiscale integration. Annals of the association of American Geographers, 95(1): 54-79.

Axelrod R, 1997. Advancing the art of simulation in the social sciences Simulating social phenomena. New York: Springer.

Axelrod R, Hamilton W D, 1981. The evolution of cooperation. Science, 211(4489): 1390-1396.

Bah A, Touré I, Page C L, et al., 2006. An agent-based model to understand the multiple uses of land and resources around drillings in Sahel. Mathematical and Computer Modelling, 44(5-6): 513-534.

Bakker M M, Alam S J, van Dijk J, et al., 2015. Land-use change arising from rural land exchange: an agent-based simulation model. Landscape Ecology, 30(2): 273-286.

Balmann A, 1997. Farm-based modelling of regional structural change: A cellular automata approach. European Review of Agricultural Economics, 24(1): 85-108.

Balmann A, Happe K, Kellermann K, et al., 2002. Adjustment costs of agri-environmental policy switchings: an agent-based analysis of the German region Hohenlohe. Cheltenham: Edward Elgar Publishing Ltd.

Barrow C J, Hicham H, 2000. Two complimentary and integrated land uses of the western High Atlas Mountains, Morocco: the potential for sustainable rural livelihoods. Applied Geography, 20(4): 369-394.

Bagstad K J, Johnson G W, Voigt B, et al., 2013. Spatial dynamics of ecosystem service flows: a comprehensive approach to quantifying actual services. Eco. Serv., 4: 117-125.

Batty M, 2005. Agents, cells, and cities: new representational models for simulating multiscale urban dynamics. Environment and Planning A: Economy and Space, 37(8): 1373-1394.

Batty M, Torrens P M, 2001. Modelling complexity : the limits to prediction. Cybergeo [online]. http://doi.org//0.4000/cybergeo. 1035.

Batty M, Couclelis H, Eichen M, 1997. Urban systems as cellular automata. Environment and Planning B: Planning and Design, 24(2): 159-164.

Benayas J R, Martins A, Nicolau J M, et al., 2007. Abandonment of agricultural land: an overview of drivers and consequences. CAB Rev Perspect Agric Vet Sci Nutr Nat Resour, 2: 1-14.

Berger T, 2001. Agent-based spatial models applied to agriculture: a simulation tool for technology diffusion, resource use changes and policy analysis. Agricultural economics, 25(2): 245-260.

Bielsa I, Pons X, Bunce B, 2005. Agricultural abandonment in the North Eastern Iberian Peninsula: the use of basic landscape metrics to support planning. Journal of Environmental Planning and Management, 48(1): 85-102.

Bonabeau E, 2002. Agent-based modeling: Methods and techniques for simulating human systems. Proceedings of the National Academy of Sciences, 99(suppl 3): 7280-7287.

Bousquet F, Le Page C, 2004. Multi-agent simulations and ecosystem management: a review. Ecological Modelling, 176(3): 313-332.

Bousquet F, Bakam I, Proton H, et al., 1998. Cormas: Common-pool resources and multi-agent systems Tasks and Methods in Applied Artificial Intelligence. New York: Springer.

Bower J, Bunn D W, 2000. Model-based comparisons of pool and bilateral markets for electricity. The Energy Journal, 21(3): 1-30.

Bradbury I, 1993. The earth as transformed by human action: Global and regional changes in the biosphere over the past 300 years. Cambridge: Cambridge University Press,

Burkhard B, Kroll F, Nedkov S, et al., 2012. Mapping ecosystem service supply, demand and budgets. Ecol. Econ., 21: 17-29.

Börner J, Mendoza A, Vosti S A, 2007. Ecosystem services, agriculture, and rural poverty in the Eastern Brazilian Amazon: Interrelationships and policy prescriptions. Ecol. Econ., 64: 356-373.

Castella J C, Kam S P, Quang D D, et al., 2007. Combining top-down and bottom-up modelling approaches of land use/cover change to support public policies: application to sustainable management of natural resources in northern Vietnam. Land Use Policy, 24(3): 531-545.

Casti J L, 1997. Would-be worlds: How simulation is changing the frontiers of science. New York: John Wiley and Sons.

Castle C J E, Crooks A T, 2006. Principles and concepts of agent-based modelling for developing geospatial simulations. (CASA Working Papers 110). Centre for Advanced Spatial Analysis (UCL), UCL (University College London), Centre for Advanced Spatial Analysis (UCL): London, UK. (Working Paper).

Chapin F, Sturm M, Serreze M, 2005. Role of land-surface changes in Arctic summer warming. Sci., 310: 657-660.

Chen X, 2012. Agent-based micro-simulation of staged evacuations. International Journal of Advanced Intelligence Paradigms, 4(1): 22-35.

Chen X, Lupi F, An L, et al., 2012. Agent-based modeling of the effects of social norms on enrollment in payments for ecosystem services. Ecological Modelling, 229: 16-24.

Claessen F, Claessens B, Hommelberg M, et al., 2014. Comparative analysis of tertiary control systems for smart grids using the Flex Street model. Renewable Energy, 69: 260-270.

Cocca G, Sturaro E, Gallo L, et al., 2012. Is the abandonment of traditional livestock farming systems the main driver of mountain landscape change in Alpine areas? Land Use Policy, 29(4): 878-886.

Collier N, Ozik J, Macal C M, 2015. Large-scale agent-based modeling with Repast HPC: a case study in parallelizing an agent-based model // Hunold S et al, eds. Euro-Par 2015: Parallel Processing Workshops. Euro-Par 2015. Lecture Notes in Computer Science, 9523. Springer, Cham.

Conway J H, 1972. Unpredictable iterations. In the ultimate challenge: The 3x+1 problem. Colorado: American Mathematic Society.

Costanza R, Fisher B, Mulder K, et al., 2007. Biodiversity and ecosystem services: A multi-scale empirical study of the relationship between species richness and net primary production. Ecological Economics, 61(2-3): 478-491.

Crooks A, Castle C, Batty M, 2008. Key challenges in agent-based modelling for geo-spatial simulation. Computers, Environment and Urban Systems, 32(6): 417-430.

Deadman P J, Schlager E, Gimblett R, 2000. Simulating common pool resource management experiments with adaptive agents employing alternate communication routines. Journal of Artificial Societies and Social Simulation, 3 (2) : 2.

Dean J S, Gumerman G J, Epstein J M, et al., 2000. Understanding anasazi culture change through agent-based modeling // Kohler T A, Gumerman G J. Dynamics in human and primate societies: Agent-based modeling of social and spatial processes. New York: Oxford university Press.

Deutsch L, Folke C, 2005. Ecosystem subsidies to Swedish food consumption from 1962 to 1994. Ecos., 8: 512-528.

Díaz G I, Nahuelhual L, Echeverría C, et al., 2011. Drivers of land abandonment in Southern Chile and implications for landscape planning. Landscape and Urban Planning, 99 (3) : 207-217.

Dong J, Liu J, Yan H, et al., 2011. Spatio-temporal pattern and rationality of land reclamation and cropland abandonment in mid-eastern Inner Mongolia of China in 1990-2005. Environ. Monit. Assess, 179 (1-4) : 137-153.

Dulamsuren C, Hauck M, 2008. Spatial and seasonal variation of climate on steppe slopes of the northern Mongolian mountain taiga. Grassland science, 54: 217-230.

Ellis F, Mdoe N, 2003. Livelihoods and rural poverty reduction in Tanzania. World Development, 31 (8) : 1367-1384.

Entwisle B, kindfuss R R, Walsh S J, et al., 2008. Population growth and its spatial distribution as factors in the deforestation of Nang Rong, Thailand. Geoforum, 39 (2) : 878-897.

Epstein J M, Axtell R, 1996. Growing artificial societies: Social science from the bottom up. Washington: Brookings Institution Press.

Evans T P, Kelley H, 2004. Multi-scale analysis of a household level agent-based model of landcover change. J. Environ. Manage. 72: 57-72.

Evans T P, Kelley H, 2008. Assessing the transition from deforestation to forest regrowth with an agent-based model of land cover change for south-central Indiana (USA). Geoforum, 39 (2) : 819-832.

Fernandez-Anez V, 2016. Stakeholders approach to smart cities: survey on smart city definitions// International Conference on Smart Cities. Málaga Springer International Publishing. 9704: 157-167.

Foley J A, DeFries R, Asner G P, et al., 2005. Global consequences of land use. Science, 309 (5734) : 570-574.

Furlan R, Petruccioli A, David Major M, et al, 2018. The urban regeneration of west-bay, business district of Doha (State of Qatar) : A transit-oriented development enhancing livability. Journal of Urban Management, 8 (2019) : 126-144.

Galan J M, Lopez-Paredes A, Olmo R D, 2009. An agent-based model for domestic water management in Valladolid metropolitan area. Water Resources Research, 45 (5) : W05401. 1-W05401. 17.

Garcia R, 2005. Use of agent-based modeling in innovation/New product development research. The Journal of Product Innovation Management, 22: 380 -398.

Ghosh S, Gosavi A, 2017. A semi-Markov model for post-earthquake emergency response in a smart city. Control Theory & Technol, 15 (001) : 13-25.

Görür K, İmre K, Oğuztüzün H, et al., 2016. Repast HPC with optimistic time management// High Performance Computing Symposium. Society for Computer Simulation International: 398-406.

Gilbert N, Bankes S, 2002. Platforms and methods for agent-based modeling. Proceedings of the National Academy of Sciences, 99 (suppl 3) : 7197-7198.

Grimm V, Berger U, Bastiansen F, et al., 2006. A standard protocol for describing individual-based and agent-based models. Ecological modelling, 198(1): 115-126.

Grimm V, Berger U, DeAngelis D L, et al., 2010. The ODD protocol: a review and first update. Ecological modelling, 221(23): 2760-2768.

Gunderson L H, 2001. Panarchy: understanding transformations in human and natural systems. Washington, D. C. : Island Press.

Guo C, Xiong W, 2014. Parallel agent-based simulation of complex system based on Repast HPC// International Symposium on Instrumentation & Measurement. Toronto: IEEE.

Haberl H, Erb K H, Krausmann F, et al., 2007. Quantifying and mapping the human appropriation of net primary production in earth's terrestrial ecosystems. Proc. Natl. Acad. Sci., 104: 12942-12947.

Han P, Huang H-q, Zhen L, et al., 2010. A comparative analysis of the effects of two eco-compensation modes in the farming-pastoral zone of the Inner Mongolia. Resources Science, 32: 838-848.

Happe K, Kellermann K, Balmann A, 2006. Agent-based analysis of agricultural policies: An illustration of the agricultural policy simulator Agri Poli S, its adaptation and behavior. Ecology and Society, 11(1): 49-74.

Happe K, Hutchings N, Dalgaard T, et al., 2011. Modelling the interactions between regional farming structure, nitrogen losses and environmental regulation. Agricultural Systems, 104(3): 281-291.

Hare M, Deadman P, 2004. Further towards a taxonomy of agent-based simulation models in environmental management. Mathematics and Computers in Simulation, 64(1): 25-40.

He C, Shi P, Li J, et al., 2004. Scenarios simulation of land use change in the northern China by system dynamic model. Acta Geographica Sinica-Chinese Edition, 59(4): 599-607.

Heckbert S, Baynes T, Reeson A, 2010. Agent-based modeling in ecological economics. Ann. N. Y. Acad. Sci., 1185: 39-53.

Hoffmann M, Kelley H, Evans T, et al., 2002. Simulating land-cover change in South-Central Indiana: an agent-based model of deforestation and afforestation. Complexity and Ecosystem Management: The Theory and Practice of Multi-Agent Systems: 218-247.

Holden S, Shiferaw B, Pender J, 2004. Non-farm income, household welfare, and sustainable land management in a less-favoured area in the Ethiopian highlands. Food Policy, 29(4): 369-392.

Holland J H, 1995. Hidden order: How adaptation builds complexity. Cambridge: Massachusetts Perseus.

Holland J H, 2006. Studying complex adaptive systems. Journal of Systems Science and Complexity, 19(1): 1-8.

Huang H, Pan L, Wang Q, et al., 2010. An artificial society model of land use change in terms of households' behaviors: Model development and application. Journal of Natural Resources, 25: 353-367.

Huang Q, Parker D C, Sun S, et al., 2013. Effects of agent heterogeneity in the presence of a land-market: A systematic test in an agent-based laboratory. Computers, Environment and Urban Systems, 41: 188-203.

Huang H Q, Macmillan W, 2005. A generative bottom-up approach to the under standing of the development of rural societies. Agrifood Research Reports, 68: 296-312.

Imhoff M L, Bounoua L, Ricketts T, et al., 2004. Global patterns in human consumption of net primary production. Nat. 429: 870-873.

Jager W, Mosler H J, 2007. Simulating human behavior for understanding and managing environmental resource use. J. Soc. Iss., 63: 97-116.

Jennings N, Wooldridge M, 1996. Software agents. IEEE Review, 42(1): 17-20.

Kerridge J, Hine J, Wigan M, 2001. Agent-based modelling of pedestrian movements: the questions that need to be asked and answered. Environment and Planning B, 28(3): 327-342.

Khorasani M, Zarghamfard M, 2018. Analyzing the impacts of spatial factors on livability of peri-urban villages. Social Indicators Research, 136(2): 693-717.

Koczberski G, Curry G N, 2005. Making a living: Land pressures and changing livelihood strategies among oil palm settlers in Papua New Guinea. Agricultural Systems, 85(3): 324-339.

Kohler T A, Gumerman G J, 2001. Dynamics of human and primate societies: agent-based modeling of social and spatial processes. Oxford: Oxford University Press.

Lambin E F, Meyfroidt P, 2011. Global land use change, economic globalization, and the looming land scarcity. Proceedings of the National Academy of Sciences, 108(9): 3465-3472.

Lansing J S, Kremer J N, 1993. Emergent properties of Balinese water temple networks: coadaptation on a rugged fitness landscape. American Anthropologist: 97-114.

Lazonick W, O'sullivan M, 2000. Maximizing shareholder value: a new ideology for corporate governance. Economy and Society, 29(1): 13-35.

Le Q B, Park S J, Vlek P L, 2010. Land Use Dynamic Simulator (LUDAS): A multi-agent system model for simulating spatio-temporal dynamics of coupled human–landscape system: 2. Scenario-based application for impact assessment of land-use policies. Ecological Informatics, 5(3): 203-221.

Li A, Linderman M, Qi J, Shortridge A, et al., 2005. Exploring complexity in a human-environment system: An agent-based spatial model for multidisciplinary and multiscale integration. Annals of the Association of American Geographers, 95(1): 54-79.

Ligtenberg A, Bregt A K, van Lammeren R, 2001. Multi-actor-based land use modelling: spatial planning using agents. Landscape and Urban Planning, 56(1): 21-33.

Ligtenberg A, Wachowicz M, Bregt A K, et al., 2004. A design and application of a multi-agent system for simulation of multi-actor spatial planning. Journal of Environmental Management, 72(1-2): 43-55.

Lim K, Deadman P J, Moran E, et al., 2002. Agent-based simulations of household decision making and land use change near Altamira, Brazil. Integrating Geographic Information Systems and Agent-Based Modeling: Techniques for Simulating Social and Ecological Processes: 277-310.

Liu J, Liu M, Deng X Z, et al., 2002. The land use and land cover change database and its relative studies in China. Journal of Geographical Sciences, 12(3): 275-282.

Liu J, Liu M, Tian H, et al., 2005. Spatial and temporal patterns of China's cropland during 1990–2000: An analysis based on Landsat TM data. Remote Sensing of Environment, 98(4): 442-456.

Liu J, Liu M, Zhuang D, et al., 2003. Study on spatial pattern of land-use change in China during 1995–2000. Science in China Series D: Earth Sciences, 46(4): 373-384.

Liu J, Qi Y, Shi H, et al., 2008. Estimation of wind erosion rates by using 137Cs tracing technique: A case study in Tariat-Xilin Gol transect, Mongolian Plateau. Chinese Sci Bull., 53: 751-758.

Liu J, Nijkamp P, Huang X, et al., 2017. Urban livability and tourism development in China: analysis of sustainable development by means of spatial panel data. Habitat International, 68: 99-107.

Liu S F, Forrest J, 2007. Advances in grey systems theory and its applications // IEEE International lonfevence on Nanjing. IEEE. Grey Systems and Intelligent Services.

Ma W, Yang Y, He J, et al., 2008. Above-and belowground biomass in relation to environmental factors in temperate grasslands, Inner Mongolia. Sci China C Life Sci., 51: 263-270.

MacDonald D, Crabtree J, Wiesinger G, et al., 2000. Agricultural abandonment in mountain areas of Europe: environmental consequences and policy response. Journal of environmental management, 59 (1) : 47-69.

Macmillan W, Huang H Q, 2008. Agent-based simulation model of a primitive agricultural society. Geoforum, 39: 643-658.

Mai T, Smith C, 2018. Scenario-based planning for tourism development using system dynamic modelling: a case study of Cat Ba Island, Vietnam. Tourism Management (S0261-5177), 68 (4) : 336-354.

Matthews R B, Gilbert N G, Roach A, et al., 2007. Agent-based land-use models: a review of applications. Landscape Ecology, 22 (10) : 1447-1459.

Millennium Ecosystem Assessment, 2005. Ecosystems and human well-being: synthesis. Washington DC: Island press, 137.

Monticino M, Acevedo M, et al., 2007. Coupled human and natural systems: A multi-agent-based approach. Environmental Modelling & Software, 22 (5) : 656-663.

Mueller N D, Gerber J S, Johnston M, et al., 2012. Closing yield gaps through nutrient and water management. Nature, 490 (7419) : 254-257.

Murphy J T , Bayrak E S , Ozturk M C , et al., 2016. Simulating 3-D bone tissue growth using Repast HPC: Initial simulation design and performance results// 2016 Winter Simulation Conference (WSC). Washington: IEEE Press.

Müller B, Bohn F, Dreßler G, et al., 2013. Describing human decisions in agent-based models–ODD+ D, an extension of the ODD protocol. Environmental Modelling & Software, 48: 37-48.

Münier B, Birr-Pedersen K, Schou J, 2004. Combined ecological and economic modelling in agricultural land use scenarios. Ecol. Model., 174: 5-18.

Munroe D K, van Berkel D B, Verburg P H, et al., 2013. Alternative trajectories of land abandonment: causes, consequences and research challenges. Current Opinion in Environmental Sustainability, 5 (5) : 471-476.

North M J, Macal C M, 2007. Managing business complexity: discovering strategic solutions with agent-based modeling and simulation. Oxford: Oxford University Press.

Otero I, Boada M, Badia A, et al., 2011. Loss of water availability and stream biodiversity under land abandonment and climate change in a Mediterranean catchment (Olzinelles, NE Spain). Land Use Policy, 28 (1) : 207-218.

Parker D C, Manson S M, Janssen M A, et al., 2003. Multi-agent systems for the simulation of land-use and land-cover change: a review. Annals of the association of American Geographers, 93 (2) : 314-337.

Paul A, Sen J, 2018. Livability assessment within a metropolis based on the impact of integrated urban geographic factors

(IUGFs) on clustering urban centers of Kolkata. Cities, 74: 142-150.

Pender J, 2004. Development pathways for hillsides and highlands: some lessons from Central America and East Africa. Food Policy, 29(4): 339-367.

Penzar D, Srbljinović A, 2002. Dynamic modeling of ethnic conflicts// Triennial Conference of the International Federation of Operational Research Societies. Edinburgh: University of Edinburgh.

Pontius G R, Malanson J, 2005. Comparison of the structure and accuracy of two land change models. International Journal of Geographical Information Science, 19(2): 243-265.

Pontius R G, Schneider L C, 2001. Land-cover change model validation by an ROC method for the Ipswich watershed, Massachusetts, USA. Agriculture, Ecosystems & Environment, 85(1): 239-248.

Power A G, 2010. Ecosystem services and agriculture: tradeoffs and synergies. Philosophical Transactions of the Royal Society B: Biological Sciences, 365(1554): 2959-2971.

Prishchepov A V, Müller D, Dubinin M, et al., 2013. Determinants of agricultural land abandonment in post-Soviet European Russia. Land Use Policy, 30(1): 873-884.

Qin Y, Liu J, Shi W, et al., 2013. Spatial-temporal changes of cropland and climate potential productivity in northern China during 1990–2010. Food Security, 5(4): 499-512.

Raj Khanal N, Watanabe T, 2006. Abandonment of agricultural land and its consequences: a case study in the Sikles Area, Gandaki Basin, Nepal Himalaya. Mountain Research and Development, 26(1): 32-40.

Rajan K, Shibasaki R, 2000. A GIS based integrated land use/cover change model to study human-land interactions. International Archives of Photogrammetry and Remote Sensing, 33(B7/3; PART 7): 1212-1219.

Raney B, Voellmy A, Cetin N, et al, 2002. Towards a microscopic traffic simulation of all of Switzerland// International Conference on Computational Science. Berlin: Springer.

Renwick A, Jansson T, Verburg P H, et al., 2013. Policy reform and agricultural land abandonment in the EU. Land Use Policy, 30(1): 446-457.

Robinson D, Murray-Rust D, Rieser V, et al., 2012. Modelling the impacts of land system dynamics on human well-being: Using an agent-based approach to cope with data limitations in Koper, Slovenia. Computers, Environment and Urban Systems, 36(2): 164-176.

Romero-Calcerrada R, Perry G L, 2004. The role of land abandonment in landscape dynamics in the SPA 'Encinares del r'io Alberche y Cofio, Central Spain, 1984–1999. Landscape and Urban Planning, 66(4): 217-232.

Rouchier J, Bousquet F, Requier-Desjardins M, et al., 2001. A multi-agent model for describing transhumance in North Cameroon: Comparison of different rationality to develop a routine. Journal of Economic Dynamics and Control, 25(3): 527-559.

Saitluanga B L, 2014. Spatial pattern of urban livability in himalayan region: A case of Aizawl City, India. Social Indicators Research, 117(2): 541-559.

Sallu S M, Twyman C, Stringer L C, 2010. Resilient or vulnerable livelihoods? Assessing livelihood dynamics and trajectories in rural Botswana. Ecology and Society: A Journal of Integrative Science for Resilience and Sustainability, 15(4): 3.

Sanders L, Pumain D, Mathian H, et al., 1997. SIMPOP: a multiagent system for the study of urbanism. Environment and Planning B, 24: 287-306.

Sasaki Y, Box P, 2003. Agent-based verification of von Thünen's location theory. Journal of Artificial Societies and Social Simulation, 6(2): 1-9.

Schelling T C, 1971. Dynamic models of segregation. Journal of Mathematical Sociology, 1(2): 143-186.

Schreinemachers P, Berger T, 2011. An agent-based simulation model of human–environment interactions in agricultural systems. Environmental Modelling & Software, 26(7): 845-859.

Schreiber D, Fonzo G, Simmons A N, et al., 2013. Red Brain, Blue Brain: evaluative processes differ in democrats and republicans. Plos One, 8(2): e52970.

Sepasgozar S M E, Hawken S, Sargolzaei S, et al., 2019. Implementing citizen centric technology in developing smart cities: A model for predicting the acceptance of urban technologies. Technological Forecasting & Social Change, 142(2019): 105-116.

Secretariat I, 2005. GLP (2005) science plan and implementation strategy. IGBP Report No, 53.

Shoham Y, 1993. Agent-oriented programming. Artificial intelligence, 60(1): 51-92.

Smajgl A, Brown D G, Valbuena D, et al., 2011. Empirical characterisation of agent behaviours in socio-ecological systems. Environmental Modelling & Software, 26(7): 837-844.

Soini E, 2005. Land use change patterns and livelihood dynamics on the slopes of Mt. Kilimanjaro, Tanzania. Agricultural Systems, 85(3): 306-323.

Speelman E, García-Barrios L, 2010. Agrodiversity v. 2: An educational simulation tool to address some challenges for sustaining functional agrodiversity in agro-ecosystems. Ecol. Model. 221: 911-918.

Sterman, J D, 2000. Business Dynamics: Systems thinking and modeling for a complex world. Boston: McGrawHill.

Steffen W, Crutzen P J, McNeill J R, 2007. The Anthropocene: Are humans now overwhelming the great forces of nature. AMBIO: A Journal of the Human Environment, 36: 614-621.

Tang W, Bennett D A, 2010. The explicit representation of context in agent-based models of complex adaptive spatial systems. Annals of the association of American Geographers, 100(5): 1128-1155.

Tilman D, Balzer C, Hill J, et al., 2011. Global food demand and the sustainable intensification of agriculture. Proceedings of the National Academy of Sciences, 108(50): 20260-20264.

Torrens P M, O'Sullivan D, 2001. Cellular automata and urban simulation: Where do we go from here? Environment and Planning B: Planning and Design, 28(2): 163-168.

Valbuena D, Verburg P H, Bregt A K, 2008. A method to define a typology for agent-based analysis in regional land-use research. Agriculture, Ecosystems & Environment, 128(1): 27-36.

Valbuena D, Verburg P H, Bregt A K, et al., 2010a. An agent-based approach to model land-use change at a regional scale. Landscape Ecology, 25(2): 185-199.

Valbuena D, Verburg P H, Veldkamp A, et al., 2010b. Effects of farmers' decisions on the landscape structure of a Dutch rural region: An agent-based approach. Landscape and Urban Planning, 97(2): 98-110.

Veldkamp A, Fresco L, 1996. CLUE: A conceptual model to study the conversion of land use and its effects. Ecological

Modelling, 85 (2): 253-270.

Verburg P H, Kok K, de Koning F, et al., 2000. Clue: An integrated, gis-based model to simulate the dynamics of land use in developing countries. In GIS tools for rural development: Gisdeco 2000, Los Banos, Philippines: 1-12.

Verburg P, Soepboer W, Limpiada R, et al., 2002. Land use change modelling at the regional scale: the CLUE-S model. Environmental Management, 30 (3): 391-405.

Vitousek P M, Mooney H A, Lubchenco J, et al., 1997. Human domination of Earth's ecosystems. Sci. 277: 494-499.

von Neumann J, Burks A W, 1966. Theory of self-reproducing automata. IEEE Transactions on Neural Networks, 5 (1): 3-14.

Wey W M, Huang J Y, 2018. Urban sustainable transportation planning strategies for livable City's quality of life. Habitat International, 82: 9-27.

Wilensky U, 1999. NetLogo software. Center for Connected Learning and Computer-Based Modeling. Evanston: Northwestern University, Evanston, IL.

Wooldridge M, Jennings N R, 1995. Intelligent agents: Theory and practice. The Knowledge Engineering Review, 10 (2): 115-152.

WWF, 2004. Living planet report 2004. Gland, Switzerland: World Wide Fund for Nature.

Xue Y, 1996. The impact of desertification in the Mongolian and the Inner Mongolian grassland on the regional climate. J. Climate, 9: 2173-2189.

Yan H, Liu J, Huang H Q, et al., 2009. Assessing the consequence of land use change on agricultural productivity in China. Global and Planetary Change, 67 (1): 13-19.

Zhan D, Kwan M P, Zhang W, et al., 2018. Assessment and determinants of satisfaction with urban livability in China. Cities, 79: 92-101.

Zhen L, Liu X, Wei Y, 2008. Consumption of ecosystem services: models, measurement and management framework. Resources Science, 30: 100-106.

Zhen L, Cao S, Cheng S, et al., 2010. Arable land requirements based on food consumption patterns: Case study in rural Guyuan District, Western China. Ecol. Econ., 69: 1443-1453.

Zia K, Riener A, Farrahi K K, et al., 2012. A new opportunity to urban evacuation analysis: Very large scale simulations of social agent systems in Repast HPC// 26th ACM/IEEE/SCS Workshop on Principles of Advanced and Distributed Simulation (PADS 2012), Zhangjiajie, China. ACM, 2012.

附录 调研问卷

问卷编号：_____ 调查人：_____ 调查日期：____年____月____日

调查地点定位：经度_____，纬度_____，海拔_____

内蒙古自治区农户生计策略与耕地利用关系调研(农区)

地址：_____旗(县/区/县市)、_____乡(镇/苏木)、_____嘎查(村)

户主姓名：_____联系电话：_____

第一部分 基本情况

1. 请将您本人及家庭成员的基本情况填入下表

	性别	与户主关系	年龄	教育程度	职业1	主要工作内容	职业2	主要工作内容	是否有社会保险	多长时间回一次家
本人										
1										
2										
3										
4										
5										
6										
备注	男—1 女—2	1=户主 2=配偶 3=孩子 4=孙子(女) 5=爷爷、奶奶 6=父母 7=公婆、岳父母 8=兄弟姐妹		1-没上过学 2-小学 3-初中 4-高中 5-中专科(中专/大专/技校) 6-大学及以上	1=种植业 2=养殖业 3=餐饮业 4=事业单位 5=外出打工 6=学生 7=无劳动 8=做生意		1=种植业 2=养殖业 3=餐饮业 4=事业单位 5=外出打工 6=学生 7=无劳动 8=做生意		1=社保 2=商业保险	

2. 土地情况

时间	土地类型	地块	作物类型	距离家的距离	是否水浇地	土地质量	面积	产量	是否租出	承包给谁	年限	承包方式/(元/亩)	是否租入	年限	承包方式/(元/亩)	退耕面积	退耕时间
2010年	耕地	地块1															
		地块2															
		地块3															
		地块4															
	菜地	地块1															
		地块2															
	树地	地块1															
		地块2															
	撂荒地	地块1															
		地块2															
2000年以前	耕地	地块1															
		地块2															
		地块3															
		地块4															
	菜地	地块1															
		地块2															
	树地	地块1															
		地块2															
	撂荒地	地块1															
		地块2															

作物/树种类型：1-小麦、2-玉米、3-土豆、4-甜菜、5-莜麦、6-西芹、7-文冠果、8-山杏、9-蒙古野果、10-其他

土地质量：1-好、2-中等、3-差

承包者：1-本村农户、2-外来人员、3-承包商、4-其他

3. 您家得到补助的情况

项目	补助面积	2010年每亩补助额	2005年每亩补助额	退耕还林第一年兑现补助额	您对补助的看法是
退耕还林现金补助/元					1)不及原有收入水平；2)与原有收入水平持平；3)高于原有收入水平
退耕还林粮食补助/斤					1)不及原有粮食产量；2)与原有粮食产量持平；3)高于原有粮食产量
退耕还林种苗补助/元					1)不够买种苗的费用；2)刚好够买种苗的费用；3)买完种苗还有所节余
农业物资，设备等					
种粮补贴					
低保					

注：1 斤＝500g

4. 种植业收入、投入变化情况

作物品种	现在(2010年)								2000年以前							
	面积/亩	产量/(斤/年)	家用	出售		投入/(元/年)			面积/亩	产量/(kg/年)	家用	出售		投入/(元/年)		
				数量	金额	种子	化肥	杀虫剂	灌溉费用				数量	金额	种子	化肥	杀虫剂	灌溉费用
小麦																
玉米																
莜麦																
土豆																
豆类																
蔬菜水果																
油料作物																
其他																

你是否愿意多种植一些土地？_____ 1.是 2.否； 如果愿意，以你家现在的劳动能力，共能种植多少亩？_____

您家得到补助的情况是：_____

5. 非农收入情况

收入来源	收入/(元/月或万元/年)	收入来源	收入/(元/月或万元/年)
工资性收入		家庭经营收入	
其中：在本地企业得到		其中：饭店	
外出从业得到		商店	
出租设备		旅游景点	
向外贷款获得的利息收入		卖菜	
子女给的钱		运输	
亲戚给的钱		其他	

第二部分 适应能力

1. 请回答以下问题

问题	代码	原因
你认为退耕还林能起到保护环境作用吗?	1. 能 2. 不能	
你愿意退耕还林吗?	1. 愿意 2. 不愿意	
您是否愿意继续种地?	1. 是 2. 否	愿意继续种地的原因：1. 农民就应该种地；2. 起码可以解决自家吃饭问题；3. 其他(注) 不愿意继续种地的原因：1. 种田太辛苦；2. 收入相对低；3. 生产资料价格高；4. 其他(注)
如果粮食不够吃,您家解决这个问题的主要办法是什么?	1. 借粮食 2. 外出打工,挣钱买粮食 3. 政府救济 4. 不知道怎么办 5. 其他(说明)	
耕地减少后,没有土地种植经济作物或发展种养业,收入减少了,即使政府给了补助,也没有达到原来的收入水平?	1. 是 2. 否	
如果收入减少了,您采取了什么措施弥补损失?	1. 做点生意 2. 外出打工 3. 没有办法 4. 其他(请说明)	
不能到树林里采薪材,没有柴烧,	1. 是 2. 否	
村里是否有人在退耕还林以后偷偷到树林里砍树?	1. 有 2. 没有 3. 不清楚	
偷偷砍树的户大概占多大比例?	请填写数值	
在您村,有没有在退耕还林以后又把树木砍掉种地的?	1. 有 2. 没有 3. 不清楚	
您村把树木砍掉种地的人家大概有几户?		
退耕还林以来您家的经济状况发生了什么变化?	1. 家庭经济状况不如以前了 2. 差不多 3. 比以前更好了	
退耕还林以来您家是否节约了劳动力?	1. 不是 2. 是	
如果是,节约的劳动力是否从事其他劳动?	1. 是 2. 否	

2. 对外部环境要求

问题	代码		选项	问题	代码		选项
银行的低息贷款	1. 希望	2. 不希望		一名好干部当致富带头人	1. 希望	2. 不希望	
增加农畜产品价格	1. 希望	2. 不希望		农牧业技术服务与培训	1. 希望	2. 不希望	
外出打工技能培训	1. 希望	2. 不希望		其他：( )注明			

你最希望得到哪一个？

第三部分　土地利用变化情景

1. 什么情况下您家会选择放弃耕地种植(耕地撂荒)

情景		选项	
种粮补贴	0 元/(亩·年)	1. 会	2. 不会
	10 元/(亩·年)	1. 会	2. 不会
	20 元/(亩·年)	1. 会	2. 不会
	50 元/(亩·年)	1. 会	2. 不会
	100 元/(亩·年)	1. 会	2. 不会
作物产量	<100 斤/亩	1. 会	2. 不会
	100~200 斤/亩	1. 会	2. 不会
	200~300 斤/亩	1. 会	2. 不会
	300~500 斤/亩	1. 会	2. 不会
	>500 斤/亩	1. 会	2. 不会
旱灾发生频率	5 年一遇	1. 会	2. 不会
	3 年一遇	1. 会	2. 不会
	1 年一遇	1. 会	2. 不会
	连续 2 年干旱	1. 会	2. 不会
	连续 3 年干旱	1. 会	2. 不会
务农人员年龄	50~59 岁	1. 会	2. 不会
	60~69 岁	1. 会	2. 不会
	70~79 岁	1. 会	2. 不会
	80 岁以上	1. 会	2. 不会
务农人员健康状况	健康	1. 会	2. 不会
	有一些小病	1. 会	2. 不会
	患重大疾病	1. 会	2. 不会
工作机会	村镇周边企业务工(每天可以回家)	1. 会	2. 不会
	县城务工(农忙季节可以回家)	1. 会	2. 不会
	县城务工(没有时间回家)	1. 会	2. 不会
	其他城市务工	1. 会	2. 不会

2. 未来 5 年，您家是否有耕地可能发展为蔬菜基地或者马铃薯种植基地？

（1）是，多少亩_____？   （2）否

如果是，请对以下可能组织机构进行排序：_____

（1）县、镇政府   （2）村委会   （3）外地企业承包   （4）村民自发组织

3. 未来 5～10 年，子女（或孙子孙女）回农村生活的可能性：_____

（1）0   （2）10%   （3）30%   （4）50%   （5）80%   （6）100%

4. 未来 5～10 年，翻新住房的可能性：_____

（1）0   （2）10%   （3）30%   （4）50%   （5）80%   （6）100%

5. 您认为有什么好的方式能够提高您的经济收入和生活水平？_____